Heinz Lapp

Instandhaltung von elektrischen Anlagen

Elektro Praxis

Weitere Bücher in dieser Reihe:

Fehlersuche in elektrischen Anlagen und Geräten,
Josef Eiselt

Elektrotechnik in Gebäuden,
Alfred R. Kraner

Alarmanlagen,
Bodo Wollny

Meßpraxis Schutzmaßnahmen DIN VDE 0100,
Martin Voigt

ElektroMeßpraxis,
Martin Voigt,

Photovoltaik,
Siegfried Schoedel

Die bestimmungsgerechte Elektroinstallationspraxis,
Winfried Hoppmann

Heinz Lapp

Instandhaltung von elektrischen Anlagen

Planung und Durchführung für Handwerk und Industrie

Mit 148 Abbildungen und Tabellen
2., völlig neu bearbeitete und erweiterte Auflage

Pflaum Verlag München

Die Deutsche Bibliothek - CIP-Einheitsaufnahme

Lapp, Heinz:
Instandhaltung von elektrischen Anlagen : Planung und Durchführung für Handwerk und Industrie / Heinz Lapp. - 2., völlig neu bearb. und erw. Aufl. - München ; Bad Kissingen ; Berlin ; Düsseldorf ; Heidelberg : Pflaum, 1994
(Elektro-Praxis)
ISBN 3-7905-0689-3

ISBN 3-7905-0689-3

Satz: typo spezial Ingrid Geithner, Erding
Druck und buchbinderische Verarbeitung: Pustet, Regensburg

Inhaltsverzeichnis

Vorwort zur 2. Auflage

Instandhaltung elektrischer Anlagen ist der Oberbegriff für Inspektion, Wartung und Instandsetzung. Geplante Instandhaltung ist eine Investition für die Zukunft, sie wird mit der weiteren Automatisierung der Fertigungsanlagen an Bedeutung gewinnen.
Die geplante Instandhaltung reduziert das Risiko und schafft Sicherheit vor Unfällen, Produktionsausfällen, Sach- und Gebäudeschäden.
Produktionsbetriebe werden wegen steigender Personal- und Lohnkosten nach schlankeren Instandhaltesystemen suchen.
Hier sind auch Elektrofachunternehmen und Handwerksbetriebe aufgefordert, Instandhaltung und Instandhalteplanung — auch mittels EDV — anzubieten.
Dieses Buch wendet sich deshalb an Instandhalter der Industrie, Elektrofachkräfte, Elektrofachunternehmen, Handwerksbetriebe und Instandhalteplaner, die sich mit der Instandhaltung elektrischer Anlagen beschäftigen.
Dieses Buch enthält viele Planungs-Beispiele, die als Anleitung und Anregung für die eigene Arbeit gedacht sind. Die Beispiele sind keine Rezepte, sondern sollen Tips und Hinweise geben für eigene Überlegungen zur Planung der Instandhaltung. Tabellen mit Begriffen und Formularvorschlägen zur Erstellung von Terminplänen, Checklisten und Arbeitskarten geben Hilfestellung beim Aufbau einer eigenen Instandhalteplanung.
Geplante Instandhaltung trägt dazu bei, daß die Nutzungsdauer der Anlagen verlängert, der Anlagenwert verbessert und die maximale Einsatzbereitschaft gewährleistet wird.
Meisterbetrieben des Elektrohandwerkes bietet sich eine breite Palette der Instandhaltung und Instandhalteplanung. Inspektionen und Wartungen elektrischer Anlagen sowie wiederkehrende Prüfungen können in folgenden Bereichen ausgeführt werden:

- Industrie- und Fertigungsbetriebe,
- firmeneigene Transformatorenstationen,
- Krankenhäuser,
- Arztpraxen und medizinische Einrichtungen,
- Stromversorgungsunternehmen (EVUs),
- Bürobauten, Hochhäuser,
- Hotels und Kongreßzentren,
- Amtsgebäude und Schulen, landwirtschaftliche Betriebe etc.

Fachunternehmen des Elektrohandwerks können Inspektionen und Wartungen, d. h. Kontrollen, Prüfungen und Messungen sowie Pflege, Reinigung und sonstige Instandhaltetätigkeiten anbieten. Die Instandhaltung und Instandhalteplanung

für vorgenannte Anlagen ist eine empfehlenswerte Aufgabe für das Elektrohandwerk, um die Betriebssicherheit und Einsatzbereitschaft elektrischer Anlagen und Betriebsmittel zu verbessern.
Die Instandhalteplanung umfaßt neben der Erstellung von Terminplänen, codierbaren Arbeitskarten und Betriebsmittellisten auch Meßprotokolle, Mängelberichte, Schadensmeldungen und Schwachstellenanalysen. Vorgenannte Planung kann auch den Betreibern elektrischer Anlagen über EDV angeboten werden. Durch die Codierung der Instandhaltetätigkeiten, Schadensteile und Schadensbilder (Mängelbegriffe) können Festpreisangebote vom Anbieter gemacht werden. Die Instandhaltung elektrischer Anlagen ist somit eine echte Zukunftsaufgabe für Industriebetriebe und Elektrohandwerk.

Heinz Lapp

Hinweis

1 Einleitung

Geplante Instandhaltung bedeutet die Betreuung elektrischer Anlagen und Betriebsmittel während der betriebsmäßigen Lebenszeit. Der Instandhalter hat dafür zu sorgen, daß Anlagen und Betriebsmittel jederzeit ihre maximale Einsatzbereitschaft gewährleisten. Instandhaltung ist der Oberbegriff für Inspektion, Wartung und Instandsetzung. Man versteht unter

Inspektion: Überwachen, Kontrollieren, Prüfen und Messen, Besichtigen und Erproben.

Wartung: Reinigen und Pflegen, Justieren, Ein- und Nachstellen, Schmieren.

Instandsetzung: Beseitigen der Mängel durch Wiederherstellen des Sollzustandes.

Durch geeignete Instandhaltemethoden kann man Einsatzbereitschaft und Betriebssicherheit wesentlich verbessern. Dies ist besonders notwendig, da mit zunehmender Automatisierung der Produktionsmaschinen, übergreifend zu elektronisch- und computergesteuerten Fertigungsstraßen, die Produktionsausfallkosten immer mehr in den Vordergrund treten.
Unter geplanter Instandhaltung versteht man Methoden, die zur Bewahrung und Wiederherstellung des Sollzustandes einer elektrischen Anlage beitragen. Dabei ist die Beurteilung des Istzustandes von besonderer Bedeutung (siehe auch Abschnitt 2, Begriffe der Instandhaltung).
Elektrische Anlagen entstehen durch den Zusammenschluß mehrerer elektrischer Betriebsmittel. Elektrische Betriebsmittel – kurz Betriebsmittel genannt – sind alle Gegenstände und Geräte, die als Ganzes oder in einzelnen Teilen zum Erzeugen, Fortleiten, Speichern, Messen, Umsetzen und Verbrauchen elektrischer Energie dienen.
Betriebsmittel sind: Motoren, Generatoren, Transformatoren, Gleichrichter, Akkumulatoren, Meßeinrichtungen, Sicherungen, Schaltgeräte, elektrische und elektronische Geräte, Meßwertumformer, Beleuchtungskörper, Leitungs- und Kabelnetze usw. Die Betriebsmittel beinhalten auch alle Schutz- und Hilfsmittel, z. B. persönliche Schutzausrüstungen und isolierte Werkzeuge, soweit an diese Anforderungen hinsichtlich der elektrischen Sicherheit gestellt werden.
Elektrische Anlagen dienen der Erzeugung, Fortleitung, Speicherung, Umwandlung, der Verteilung und dem Verbrauch elektrischer Energie, weiter der Erzeugung

mechanischer Arbeit, der Erzeugung von Wärmearbeit, der Lichterzeugung, der Erzeugung elektrochemischer Vorgänge usw.
Eine elektrische Anlage entsteht z.B. aus der Verbindung von Generator – Leitung – Motor.
Verbindende Betriebsmittel, wie Schalter, Sicherungen, Meßgeräte, Verteilungen, Transformatoren etc. gehören ebenfalls zu dieser elektrischen Anlage. Betriebsmittel zählen auch dann zur elektrischen Anlage, wenn sie nur zeitweise mit dieser verbunden werden (z.B. Elektrowerkzeuge, tragbare Betriebsmittel, Büromaschinen).
Beim Betrieb elektrischer Anlagen wird die Gefährdungssituation oft unterschätzt, weil in vielen Fällen die direkte Abschätzung nicht rechtzeitig erkannt wird. Dabei können Personen- und Sachschäden entstehen, die die Hersteller und Betreiber elektrischer Anlagen verantworten müssen. Zur Gewährleistung der Sicherheit beim Umgang mit elektrischem Strom sind besondere Maßnahmen notwendig.
Die Berufsgenossenschaft für Feinmechanik und Elektrotechnik hat die Unfallverhütungsvorschriften VBG 4 erlassen, die in Verbindung mit den VDE-Bestimmungen den allgemeinen Regeln der Technik entsprechen. Sie müssen vom Hersteller und Betreiber elektrischer Anlagen beachtet werden.
Hersteller und Betreiber sind für die Schutz- und Sicherheitsmaßnahmen verantwortlich. Die geplante Instandhaltung reduziert das Risiko und schafft Sicherheit vor Unfällen, Produktionsausfällen, Sach- und Gebäudeschäden.
Die VDE-Bestimmungen fordern bei der Herstellung und Errichtung elektrischer Anlagen und Betriebsmittel eine Reihe von Schutz- und Sicherheitsmaßnahmen, deren Einhaltung auch bei der Instandhaltung beachtet werden müssen. Beim Betrieb zeigen Anlagen und Betriebsmittel Verschleiß, Alterung und sonstige Schäden, welche die Sicherheit beeinträchtigen können. Die Verantwortungsbereiche des Betreibers einer elektrischen Anlage zeigt *Bild 1.1*.
Hersteller und Betreiber elektrischer Anlagen und Betriebsmittel sollten bei der Instandsetzung auch den Umweltschutz beachten. Jede Leistung der Instandsetzung bringt Abfälle mit sich. Sie sind unter Beachtung des Abfallgesetzes zu beseitigen. Entsprechend muß die Arbeitsorganisation gestaltet werden. Noch besser ist es, die Abfälle zu verringern.
Dazu dienen schonende Fahrweise und verbesserte Wartung der Anlagen. Eine vorbeugende und zustandsabhängige Instandhaltung hilft Sekundärschäden zu verhindern und Abnutzungsreserven weitgehend zu nutzen.
Es sollte angestrebt werden, daß Bauteile instandgesetzt werden können und deren Weiterverwendung als Reserveteil möglich ist. Gezielte Forderung nach Wiederverwendung sollte bestehen. Es sollte recyclingfreundlich konstruiert werden, damit der Elektro- und Elektronikschrott — z. Z. jährlich mehr als 800 000 t — reduziert werden kann.
Die Instandhaltetätigkeit wird in Zukunft Veränderungen unterworfen sein, Umorganisation und Senkung der Instandhaltekosten werden im Vordergrund stehen. Zwischen Produktion und Instandhaltung wird sich eine Gruppenarbeit bilden, welche »Lean-Production« genannt wird.

Die japanische »Lean-Philosophie« beginnt auch deutsche Unternehmen zu verändern. Lean ist Gruppenarbeit. Personaleinsparung und schlankere Unternehmensstrukturen werden auch die Instandhaltung erfassen. Für den Instandhalter ist erkennbar, daß Lean-Production gleichfalls geplante, vorbeugende Instandhaltung heißt.

Bild 1.2 zeigt den Personaleinsatz pro Schicht für einen Fertigungsbetrieb. Bei Gruppenarbeit — Lean-Production — werden 22 Personen benötigt. In der Gruppe arbeiten 2 Elektrofachkräfte und 2 Mechaniker als Maschinenbediener. Im Falle einer Störung — z. B. Maschine E 2, elektrische Störung — und übernimmt die Elektrofachkraft von Maschine D 1 die Überprüfung und Instandsetzung von Maschine E 2. Die Maschinenbedienung von E 2 wechselt nach D 1.

Seither waren für Maschinenbedienung 22 Personen und zusätzlich in der Instandhaltewerkstatt eine Elektrofachkraft und ein Mechaniker eingesetzt.

Personaleinsatz nach »Lean-Production« = 22 Personen.

Einsparung 2 Personen = rd. 8 % (Elektrofachkräfte und Mechaniker verdoppelt!).

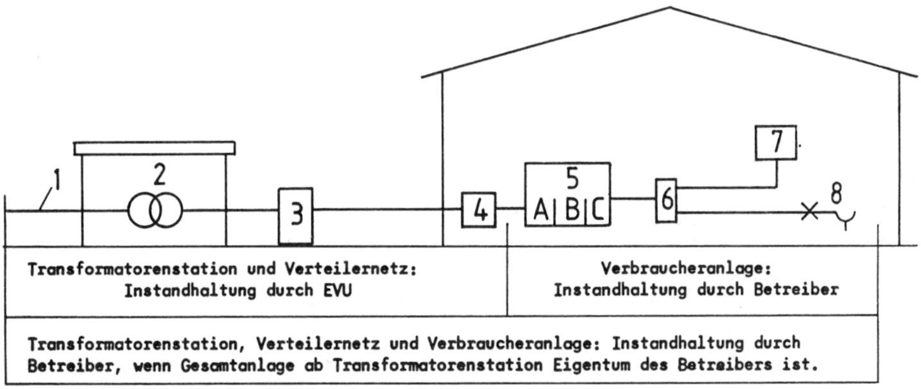

Bild 1.1: Verantwortungsbereiche an einer elektrischen Anlage.
Es bedeuten:
1 = Zuleitung aus dem Mittelspannungsnetz, 2 = Transformatorenstation, 3 = Streckensicherung, 4 = Hausanschlußkasten, 5 = Zählerplatz, 6 = Verteiler, 7 = Betriebsmittel (Kraftanlage usw.), 8 = Brennstellen, Steckdosen usw.

Fertigungs-Anlage	Maschinenbedienung Anzahl Personen:	
A 1	1	EFK
A 2	1	
A 3	1	
A 4	1	
A 5	1	M
B 1 u. B 2	2	
C 1	-	
D 1	1	EFK
D 2	1	
D 3	1	
D 4	1	
D 5	1	
E 1	1	
E 2	1	
E 3	1	
E 4	1	
F 1	1	M
F 2	1	
F 3	1	
F 4	1	
F 5	1	
F 6	1	
Summe	22 Personen	

EFK = Elektrofachkraft
M = Mechaniker

Bild 1.2: Gruppenarbeit Maschinenbedienung — Instandhalter

2 Begriffe der Instandhaltung

Das System der Instandhaltung und seine Fachausdrücke werden in DIN 31 051, in DKIN-Empfehlungen, VDE-Bestimmungen und VDI-Richtlinien beschrieben.
DIN 31 051 regelt die Begriffe der Instandhaltung, obwohl eine einheitliche Auffassung über Inhalt und Umfang »Instandhaltung« nicht besteht.

2.1 Istzustand

Unter Istzustand versteht man den zu einem gegebenen Zeitpunkt in funktioneller, sicherheitstechnischer und betriebswirtschaftlicher Sicht bestehenden (tatsächlichen) Zustand einer elektrischen Anlage. Es ist somit der tatsächliche Zustand einer Anlage zu einem gegebenen Zeitpunkt.

2.2 Sollzustand

Der Sollzustand dagegen ist der festgelegte bzw. geforderte Zustand einer elektrischen Anlage. Dieser ist jedoch nicht identisch mit dem Neuzustand einer Anlage. Der Sollzustand kann dem Neuzustand entsprechen, muß es aber nicht.
Der Instandhalter hat die Aufgabe, dafür zu sorgen, daß der Istzustand durch geeignete Maßnahmen dem Sollzustand angepaßt wird. Geeignete Maßnahmen dazu können Instandsetzung oder Austausch von Bauteilen und Betriebsmitteln sein.

2.3 Instandhaltung

Der Begriff »Instandhaltung« umfaßt die Gesamtheit der Maßnahmen zur Bewahrung und Wiederherstellung des Sollzustandes, sowie zur Feststellung und Beurteilung des Istzustandes.
Es ist ein Oberbegriff, der alle Tätigkeiten zur Betreuung von Anlagen und Betriebsmitteln während der betriebsmäßigen Lebenszeit beinhaltet, wie z.B. Inspektion, Wartung, Besichtigen, Erproben, Messen und Instandsetzen.

2.4 Inspektion

Erfassen und Beurteilen des Istzustandes einer Anlage oder eines Betriebsmittels durch Überwachen, Kontrollieren, Prüfen und Messen usw.

2.5 Wartung

Bewahren des Sollzustandes durch Ersetzen und Ergänzen von Teilen an Anlagen und Betriebsmitteln, z.B. durch Reinigen und Pflegen, Justieren, Ein- und Nachstellen, Schmieren.

2.6 Instandsetzung

Beseitigen der Mängel durch Wiederherstellung des Sollzustandes.
Nach den VDE-Bestimmungen sind auch Mängel zu beseitigen, welche die Sicherheit der elektrischen Anlage beeinträchtigen, wenn die Anlage sich nicht in ordnungsgemäßem Zustand befindet.
Es gibt eine Fülle von Rechtsvorschriften, die sich direkt oder indirekt mit dem ordnungsgemäßen Zustand einer Anlage oder eines Betriebsmittels befassen. Damit diese Gesetze und Verordnungen eingehalten werden können, beziehen sie sich oft auf die allgemein anerkannten Regeln der Technik, wie z.B. die VDE-Bestimmungen und die Unfallverhütungsvorschriften.
Der geforderte ordnungsgemäße Zustand einer Anlage ist der »Sollzustand«, siehe auch Abschnitt 2.2.
Nach DIN VDE 0105, Teil 1, sind alle Mängel unverzüglich zu beseitigen, wenn durch das Weiterbestehen des bisherigen Zustandes eine Gefahr für Personen und Sachen entstehen kann.
Mangel ist jeder die Sicherheit beeinträchtigende Zustand. Der Mangel kann dadurch hervorgerufen sein, daß

a) die Anlage sich nicht in ordnungsgemäßem Zustand entsprechend den Errichtungsnormen befindet oder
b) die Normen die besonderen Erfordernisse des Anwendungsfalles nicht abdecken.

2.7 Prüfen (nach DIN VDE 0105)

Zur Beurteilung des ordnungsgemäßen Zustandes elektrischer Anlagen und Betriebsmittel sind sie wiederkehrenden Prüfungen zu unterziehen. Solche Prüfungen können Besichtigen, Erproben oder Messen umfassen.

Besichtigen: auf äußerlich erkennbare Schäden und Mängel; kann auch eine »Geruchsprüfung« oder »Geräuschprüfung« beinhalten.
Erproben: auf Funktion und Wirksamkeit.
Messen: um eine Beurteilung der Schutzmaßnahmen zu ermöglichen.

Wiederkehrende Prüfungen sollen Mängel aufdecken, die nach der Inbetriebnahme der elektrischen Anlagen und Betriebsmittel sowie nach einer Instandsetzung oder Änderung aufgetreten sein können.
Prüffristen sind z.B. in Verordnungen nach § 24 der Gewerbeordnung, in den Bauordnungen der Länder, in den Unfallverhütungsvorschriften der Unfallversicherungsträger, in den Zusatzbedingungen der Sachversicherer für Fabriken und ge-

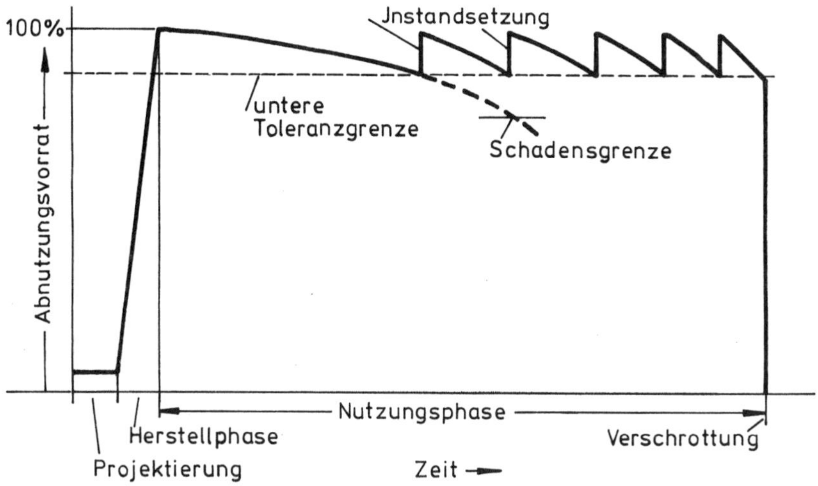

Bild 2.1: Nutzbarkeit eines elektrischen Betriebsmittels.

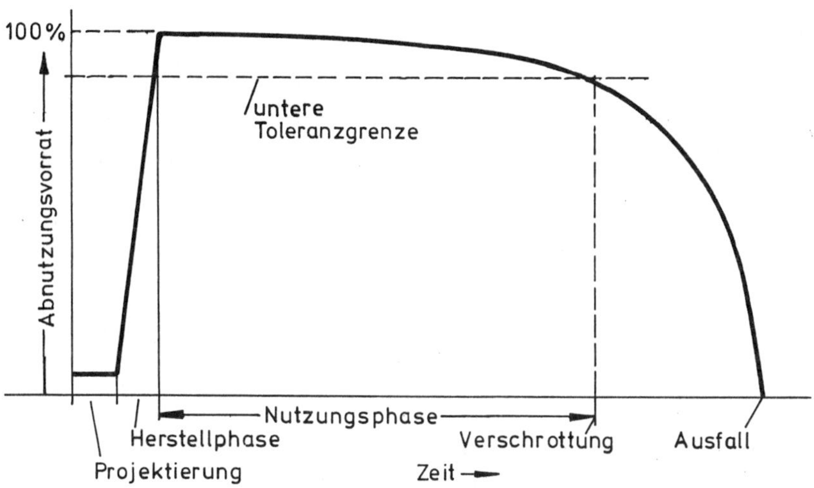

Bild 2.2: Nutzbarkeit eines Seriengerätes, das nicht instandgesetzt wird.

werbliche Anlagen, in der 2. Durchführungsverordnung zum Energiewirtschaftsgesetz festgelegt.

Auch elektrische Anlagen und Betriebsmittel in Krankenhäusern und medizinisch genutzten Räumen müssen wiederkehrenden Prüfungen unterzogen werden. Siehe DIN VDE 0107, 0750, 0751 etc.

2.8 Abnutzungsvorrat

Der Abnutzungsvorrat gibt Auskunft über die Nutzbarkeit und Funktionsfähigkeit elektrischer Anlagen und Betriebsmittel.
Bild 2.1 zeigt die Nutzbarkeit eines elektrischen Betriebsmittels. Die Kennlinie deutet den Lebensweg an. In der Projektierungs- und Herstellphase wird das Gerät oder Betriebsmittel angefertigt und mit Beginn der Nutzungsphase in Betrieb genommen. Der Abnutzungsvorrat beträgt dann 100%. Durch Verschleiß und sonstige Einflüsse entfernt sich der Abnutzungsvorrat vom Sollzustand und kommt nach einer Zeit (t) an die untere Toleranzgrenze, bevor die Schadensgrenze erreicht wird.
Der Abnutzungsvorrat wird im Bereich der unteren Toleranzgrenze durch Instandsetzung verbessert und wieder auf annähernd 100% gebracht. Die Nutzungsphase von Anlage oder Betriebsmittel wird hierdurch verlängert.
Bild 2.2 zeigt die Kennlinie eines Betriebsmittels, das nach Erreichen der unteren Toleranzgrenze nicht instandgesetzt, sondern das Erzeugnis ausgetauscht und verschrottet wird. Hierdurch kann der Ausfall des Betriebsmittels verhindert werden.

2.9 Verfügbarkeit

Verfügbarkeit von Produktionseinrichtungen ist eine Modellvorstellung für »Zuverlässigkeit von Produktionseinrichtungen«.
Viele technische Systeme haben einen Zuverlässigkeits-Standard erreicht, der es für die Benutzer zumeist überflüssig macht, daß sie sich mit der Zuverlässigkeit eingehender beschäftigen müssen. Das ändert sich allerdings, wenn man bewährte Einzelsysteme zu größeren Anlagen verkettet.
Ziel der Instandhaltung ist es, die Verfügbarkeit zu steigern. Wenn z. B. eine neue Fertigungsanlage eine Verfügbarkeit von 95 % besitzt, dann beträgt die zur Verfügung stehende Instandsetzungszeit 5 %.
Jahresleistung: 365 Tage x 24 Stunden = 8760 Stunden pro Jahr.
5 % nicht verfügbar = 87,6 x 5 = 438 Stunden
438 Stunden Ausfallzeit/Jahr stehen für Instandhaltung zur Verfügung.
Beträgt die Jahresleistung (100 %)
250 Tage x 16 Stunden (2 Schichten)
= 4000 Stunden,
dann steht die Fertigungsanlage 8760 Stunden minus 4000 h = 4760 Stunden für die Instandhaltung zur Verfügung!

2.10 Elektrofachkraft

Nach DIN VDE 0105, Teil 1, ist eine Elektrofachkraft, wer aufgrund seiner fachlichen Ausbildung, Kenntnisse und Erfahrungen sowie Kenntnis der einschlägigen Normen die ihm übertragenen Arbeiten beurteilen und mögliche Gefahren erkennen kann. Die Formulierung ». . . beurteilen und . . . erkennen kann« bedeutet Befähigung zum selbständigen Handeln, abhängig von übertragenen Aufgaben.

Elektrofachkraft ist, wer die fachliche Qualifikation für das Errichten, Ändern und Instandsetzen elektrischer Anlagen und Betriebsmittel besitzt. Die fachliche Qualifikation wird im Regelfall durch den erfolgreichen Abschluß einer Fachausbildung erworben, z. B. Elektroingenieur, Elektromeister, Elektrogeselle (hierzu gehören auch die Meister- oder Gesellenprüfung im Elektroinstallateurhandwerk, die Prüfung als Industriemeister der Fachrichtung Elektrotechnik oder als Elektrofacharbeiter).

2.11 Elektrotechnisch unterwiesene Person

Nach DIN VDE 0105, Teil 1, ist eine elektrotechnisch unterwiesene Person, wer durch eine Elektrofachkraft über die ihr übertragenen Aufgaben und die möglichen Gefahren bei unsachgemäßem Verhalten unterrichtet und erforderlichenfalls angelernt sowie über die notwendigen Schutzeinrichtungen und Schutzmaßnahmen belehrt wurde.

2.12 Änderungen

Änderungen an Anlagen oder Betriebsmitteln sind Maßnahmen, die nach Angaben des Herstellers/Einführers zulässig sind (DIN VDE 0701 Teil 1).

2.13 Abkürzungen

AFB = Allgemeine Feuerversicherungsbedinungen, Verband der Sachversicherer e. V.
BG = Berufsgenossenschaft.
DIN = Deutsches Institut für Normung e. V.
DKE = Deutsche Elektrotechnische Kommission im DIN und VDE.
DKIN = Deutsches Komitee Instandhaltung e. V.
GFIN = Gesellschaft für Instandhaltung e. V.
VDI = Verein Deutscher Ingenieure.
EVU = Energie-Versorungs-Unternehmen.
TAB = Technische Anschlußbedingungen für den Anschluß an das Niederspannungsnetz.
UVV = Unfallverhütungsvorschriften.
VBG = Vorschriftenwerk der Berufsgenossenschaften.
VDE = Verband Deutscher Elektrotechniker.

3 Sicherheit durch Instandhaltung

Die VDE-Bestimmungen fordern bei der Herstellung und Errichtung elektrischer Anlagen und Betriebsmittel eine Reihe von Schutz- und Sicherheitsmaßnahmen, um Personen- und Sachschäden beim Betrieb dieser Anlagen und Betriebsmittel zu vermeiden.

Elektrische Anlagen und Betriebsmittel zeigen – auch beim normalen Gebrauch – Verschleiß, Alterung und sonstige Schäden, die die Unfallsicherheit beeinträchtigen (siehe auch Abschnitt 2.8). Sicherheit durch Instandhaltung soll folgendes bewirken:

- Sicherheit vor Unfällen.
- Sicherheit vor Produktionsausfällen.
- Sicherheit vor Sach- und Gebäudeschäden.

Der Gesetzgeber fordert, daß elektrische Energieanlagen und Energieverbrauchsgeräte nach den anerkannten Regeln der Elektrotechnik errichtet bzw. hergestellt sein müssen. Im »Gerätesicherheitsgesetz« wird vom Hersteller oder Einführer technischer Arbeitsmittel gefordert, daß diese den anerkannten Regeln der Technik und den Arbeitsschutz- und den Unfallverhütungsvorschriften entsprechen. Der Gesetzgeber hat die VDE-Bestimmungen als anerkannte Regeln der Technik bestätigt.

Die VDE-Bestimmungen treffen Festlegungen für das Errichten und Betreiben elektrischer Anlagen und Betriebsmittel sowie deren Instandhaltung. Zum Zeitpunkt der Errichtung beziehungsweise Aufstellung elektrischer Anlagen und Betriebsmittel geben die VDE-Bestimmungen den erreichten Stand der Technik wieder. Elektrische Anlagen und Betriebsmittel sind nach dem Erscheinen neuer VDE-Bestimmungen nur dann anzupassen, wenn die neuen VDE-Bestimmungen das ausdrücklich fordern.

Gültigkeit haben nur die jeweils neuesten Fassungen der VDE-Bestimmungen, welche im VDE-Jahreskatalog des VDE-Vorschriftenwerkes veröffentlicht werden. Dabei können, soweit dafür Übergangsfristen vorgesehen wurden, auch ältere Fassunen noch gelten. Die VDE-Bestimmungen werden seit 1973 auch als Deutsche Norm in das DIN-Normenwerk aufgenommen.

Der Betreiber elektrischer Anlagen und Betriebsmittel ist neben dem Errichter beziehungsweise Hersteller grundsätzlich verantwortlich für die Einhaltung der anerkannten Regeln der Technik. Der Betreiber kann zur Instandhaltung elektrischer Anlagen und Betriebsmittel Fachfirmen beauftragen oder eigene Elektrofachkräfte einsetzen.

Neben den VDE-Bestimmungen sind noch eine Reihe anderer Verordnungen und Bestimmungen zu beachten:

- Technische Anschlußbedingungen für den Anschluß an das Niederspannungsnetz, (TAB der EVUs).
- Allgemeine Feuerversicherungsbedingungen (AFB).
- Bauordnungen der Länder.
- Gewerbeordnung.
- Unfallverhütungsvorschriften der Berufsgenossenschaften, dazu gehören »Allgemeine Vorschriften« VBG 1, Sammlung von Unfallverhütungsvorschriften des Hauptverbandes der gewerblichen Berufsgenossenschaften.
  Für elektrische Anlagen und Betriebsmittel gilt die VBG 4.

Die VBG 4 trägt dem berechtigten Wunsch Rechnung, das technische Regelwerk der VDE-Bestimmungen (Normen) neben der Unfallverhütungsvorschrift bestehen zu lassen. Folgende wichtige Grundsätze sind in der neuen VBG 4 verankert worden:

1. Durch die Einführung des Begriffes »elektrotechnische Regel« ist eine enge Verknüpfung zwischen Unfallverhütungsvorschrift und Normenwerk hergestellt worden. Somit sind die Voraussetzungen für eine praxisnahe Anwendung gegeben. Zugleich werden die in den VDE-Bestimmungen enthaltenen Normen zur Unfallverhütungsvorschrift erhoben und damit rechtlich aufgewertet.
2. Da nur diejenigen elektrotechnischen Regeln wie eine Unfallverhütungsvorschrift verbindlich sind, die die Berufsgenossenschaften als ausreichend sicher akzeptiert und in ihrem Mitteilungsblatt veröffentlicht haben, wird ein Höchstmaß an Sicherheit erreicht. Auch sind die geltenden Vorschriften für den Anwender übersichtlicher geworden, als es bisher der Fall war. In der VBG 4 wurde auch eine detaillierte Regelung für die Prüfung elektrischer Anlagen und Betriebsmittel aufgenommen.

Auf Antrag des Herstellers elektrischer Betriebsmittel – oder einer anderen interessierten Stelle – führt die VDE-Prüfstelle Sicherheitsprüfungen, d.h. »Zeichenprüfungen« durch und erteilt die Genehmigung zum Benutzen eines VDE-Prüfzeichens für die betreffenden Geräte und Betriebsmittel. Die Prüfzeichen sind warenzeichenrechtlich national und international als VDE-Verbandszeichen geschützt.

Bei der Instandhaltung elektrischer Anlagen und Betriebsmittel, welche von Fachfirmen erfolgen – oder in größeren Unternehmen auch durch eigene Elektrofachkräfte –, können spezielle Prüfplaketten (Klebeplaketten) benutzt werden.

Bild 3.1 zeigt eine Prüfplakette, die eine erfolgte Prüfung durch ein Fachunternehmen bestätigt. Bei Prüfung mit eigenen Elektrofachkräften können Plaketten mit der Aufschrift »Name, Abteilung« benutzt werden. Die Eintragungen sollten mit wasserfestem Stift erfolgen.

Bild 3.2 zeigt eine Prüfplakette, die auf den nächsten Prüftermin hinweist. Die Prüfplakette entbindet den Betreiber der Anlage jedoch nicht von der Pflicht, plötzlich auftretende Mängel sofort beheben zu lassen.

Bild 3.3 zeigt eine Prüfplakette, die von der Berufsgenossenschaft Feinmechanik

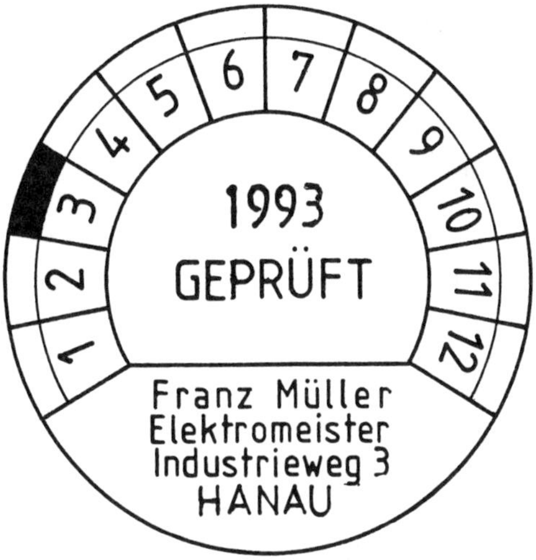

Bild 3.1: Prüfplakette, selbstklebend, Beschriftung mit wasserfestem Stift, Anlage geprüft durch Fachunternehmen, März 1993

Bild 3.2.: Prüfplakette, selbstklebend, Beschriftung mit wasserfestem Stift, Hinweis auf nächsten Prüftermin, März 1994

Bild 3.3.: Prüfplakette der Berufsgenossenschaft, Prüfung wurde am 5. Sept. 93 ausgeführt.

und Elektrotechnik an die Mitgliedsfirmen in unterschiedlichen Ausführungen geliefert wird.
Bei der Instandhaltung elektrischer Anlagen ist die DIN VDE-Bestimmung 0105, Teil 1, »Allgemeine Festlegungen beim Betrieb von Starkstromanlagen« zu beachten. Bild 3.4 zeigt stichwortartig einige wichtige Positionen. Bild 3.5 zeigt weitere VDE-Bestimmungen, die bei der Instandhaltung elektrischer Anlagen von Bedeutung sind.

Pos.:	Kurzfassung
5.1.1	Erhalten des ordnungsgemäßen Zustandes
5.1.2	Mängelbeseitigung
5.1.3	Zustandsprüfung in angemessenen Zeiträumen
5.1.4	Änderung der Betriebsbedingung
5.1.5	Isolationszustand
5.1.6	Prüfung von Auslösestrom, Auslösezeit
5.1.7	Reinigung elektrischer Geräte und Betriebsmittel
5.1.8	Isoliermittel-, Löschmittelprüfung
5.1.9	Wirksamkeit von Schutz- und Überwachungseinrichtungen
5.2	Erhalten des ordnungsgemäßen Zustandes von Schutz- und Hilfsmitteln (Werkzeuge, Körperschutzmittel, Schutzvorrichtungen)
5.3	Wiederkehrende Prüfungen Prüffristen, Prüfungen, Prüfungsumfang
5.3.3	Besichtigen
5.3.4	Erproben
5.3.5	Messen
5.3.6	Sonstige Prüfungen
5.3.7	Nachprüfung der Schutzbekleidung
5.3.8	Nachprüfung der Einrichtungen zur Unfallverhütung

Bild 3.4.: Wichtige Positionen DIN VDE 0105, Teil 1, Instandhaltung elektrischer Anlagen und Betriebsmittel.

DIN VDE 0100	Bestimmungen für das Errichten von Starkstromanlagen mit Nennspannungen bis 1000 Volt.
DIN VDE 0101	Errichten von Starkstromanlagen mit Nennspannungen über 1 kV.
DIN VDE 0104	Prüfanlagen mit Spannungen über 1 kV.
DIN VDE 0105	Betrieb von Starkstromanlagen.
DIN VDE 0106	Schutz gegen gefährliche Körperströme.
DIN VDE 0107	Starkstromanlagen in Krankenhäusern und medizinisch genutzten Räumen.
DIN VDE 0108	Errichten und Betreiben von Starkstromanlagen in baulichen Anlagen für Menschenansammlungen sowie von Sicherheitsbeleuchtung in Arbeitsstätten.
DIN VDE 0113	Elektrische Ausrüstung von Industriemaschinen.
DIN VDE 0118	Bestimmungen für das Errichten elektrischer Anlagen in bergbaulichen Betrieben unter Tage.
DIN VDE 0132	Bekämpfung von Bränden in elektrischen Anlagen.
DIN VDE 0141	Bestimmung für Erdungen in Wechselstromanlagen für Nennspannungen über 1 kV.
DIN VDE 0160	Ausrüstung von Starkstromanlagen mit elektronischen Betriebsmitteln.
DIN VDE 0165	Errichten elektrischer Anlagen in explosionsgefährdeten Bereichen.
DIN VDE 0166	Elektrische Anlagen und deren Betriebsmittel in explosivstoffgefährdeten Bereichen.
DIN VDE 0168	Bestimmungen für das Errichten und den Betrieb elektrischer Anlagen in Tagebauen, Steinbrüchen und ähnlichen Betrieben.
DIN VDE 0170	Vorschriften für schlagwetter- und explosionsgeschützte elektrische Betriebsmittel.
DIN VDE 0700	Sicherheit elektrischer Geräte für den Hausgebrauch und ähnliche Zwecke.
DIN VDE 0701	Instandsetzung, Änderung und Prüfung elektrischer Geräte.
DIN VDE 0750	VDE-Bestimmungen für elektromedizinische Geräte.
DIN VDE 0751	Instandsetzung, Änderung und Prüfung von medizinischen elektrischen Geräten.

Bild 3.5: Einige wichtige VDE-Bestimmungen, welche bei der Instandhaltung elektrischer Anlagen von Bedeutung sind. Gültigkeit haben nur die jeweils neuesten Fassungen der VDE-Bestimmungen, welche im VDE-Jahreskatalog des VDE-Vorschriftenwerkes veröffentlicht werden. Dabei können, soweit dafür Übergangsfristen vorgesehen wurden, auch ältere Fassungen noch gelten!

4 Instandhaltemethoden, Instandhalteplanung

Der Begriff Instandhaltung umfaßt Maßnahmen, die zur Bewahrung und Wiederherstellung des Sollzustandes sowie zur Feststellung und Beurteilung des Istzustandes notwendig sind, z.B. elektrische Anlagen und Betriebsmittel für Produktionseinrichtungen eines Unternehmens.
Die Instandhaltung der Produktionseinrichtungen umfaßt außer Antrieben, elektrischen und elektronischen Steuerungen, Schaltanlagen, Meßeinrichtungen, Überwachungsanlagen etc. auch Transformatorenstationen, Blindstrom-Kompensationsanlagen, Leitungs- und Kabelnetze, Verteilungen, Beleuchtungsanlagen, elektrische Betriebsmittel, Notstromanlagen usw. Persönliche Schutzausrüstungen und isolierte Werkzeuge müssen ebenfalls in die Instandhalteplanung einbezogen werden.
Zur rationellen Produktion ist auch eine kostensparende Instandhaltung notwendig, die in der Lage sein muß, durch besondere Instandhaltemethoden für eine systematische Verbesserung der Elektroanlagen bei gezielter Kostensenkung im Instandhaltebereich beizutragen.
Bei der Instandhaltung elektrischer Anlagen und Betriebsmittel sind zwei Instandhaltemethoden zu unterscheiden:

- Zeitabhängige Instandhaltung.
- Zustandsabhängige Instandhaltung.

Beide Methoden sind planbar und sollen zur Reduzierung der Instandhaltekosten beitragen. In beiden Fällen handelt es sich um eine Vorsorgeplanung, die entsprechende Personalqualifikation voraussetzt. Für Inspektion, Wartung und Instandsetzung elektrischer Anlagen und Betriebsmittel benötigt man in der Regel Elektrofachkräfte gemäß Abschnitt 2.10.

Da auch eine Elektrofachkraft nicht allwissend sein kann, ist eine regelmäßige Schulung im Bereich der übertragenen Aufgaben notwendig. Zur Schulung gehören u.a. Themen wie Instandhaltemethoden, Instandhalteplanung, VDE-Bestimmungen und Unfallverhütungsvorschriften. Auch eine gelegentliche Unterweisung durch den Anlagen- oder Betriebsmittelhersteller ist empfehlenswert.
Bei der Aufgabenstellung sind auch Überlegungen anzustellen, ob bestimmte Instandhaltetätigkeiten nur durch firmeneigenes Personal oder durch Fremdfirmen (Elektrofachbetriebe) ausgeführt werden sollen, wie z.B. in besonderen Anlagen:

- Instandhaltung von Mittelspannungs- und Hochspannungsanlagen.
- Instandhaltung explosionsgeschützter Anlagen und Betriebsmittel.

Bei der Instandhalteplanung sind einige Punkte zu beachten, die den wirtschaftlichen Nutzen verbessern können:

- Die Instandhaltetätigkeiten können nur dann sinnvoll geplant werden, wenn vorher Schwachstellenuntersuchungen durchgeführt wurden (siehe Kapitel 5).
- Die Ergebnisse der Schwachstellen-Analysen sollen in besonderen Fällen auch mit dem Anlagenhersteller besprochen werden.
- Die Wartungs- und Bedienungsanleitungen des Anlagen- oder Betriebsmittelherstellers sind zu beachten und in die Instandhalte-Arbeitskarten aufzunehmen.
- Das Instandhaltesystem muß zur Verbesserung des Anlagenzustandes beitragen.
- Bei sinnvoller Anwendung der Instandhalteplanung können Lohn- und Materialkosten eingespart werden.

In Tabelle 1-3 (Anhang 1) sind eine Reihe Instandhaltetätigkeiten zusammengestellt, die als Standard-Arbeiten bei der Instandhaltung elektrischer Anlagen und Betriebsmittel benutzt werden können. Die einzelnen Tätigkeiten sind codierbar zur Eintragung in die entsprechenden Arbeitskarten.

Die in der Tabelle 1-3 aufgeführten Tätigkeiten haben kein Anrecht auf Vollständigkeit und können beliebig erweitert oder auch geändert werden.

In den Kapiteln 6 und 7 wird eine Reihe von Planungsbeispielen behandelt, die auf bestimmte Anlagen zugeschnitten sind. Sie gelten nicht als Planungsrezepte, sondern sollen nur Hinweise und Anregungen geben, einige Texte zu erstellen, die der jeweiligen Elektroanlage angepaßt sind.

Anlagen- und Betriebsmittelschäden müssen ansprechbar sein, d. h. bei einer elektrischen Anlage muß der Schaden über das betreffende Betriebsmittel zum Schadensteil ermittelt und in Kurzfassung notiert werden können. Tabellen 4 + 5 (Anhang 1) zeigen eine Zusammenstellung von Schadensteilen in alphabetischer Ordnung mit Codiermöglichkeit. Auch hier können Begriffe nachgetragen werden.

Mit Hilfe der Instandhaltetätigkeit 103: Schmieren, Ölen (Tabelle 2, Anhang 1) kann nach Bild 4.1 eine Schmiermittelliste erstellt werden. Die in dieser Liste aufgeführten Öle und Fette sollen den jeweiligen Wartungsanleitungen der Anlagen- bzw. Betriebsmittelhersteller entnommen werden (Tabelle 1, Codierung 050).

Öle und Fette sind somit ansprechbar und können bei der Instandhalteplanung in die Arbeitskarte wahlweise eingetragen werden.

z. B. Codierung 103, 050 oder 103 01

103 = Schmieren, Ölen.

050 = Wartungsanleitung Anlagen, bzw. Betriebsmittelhersteller beachten.

oder:

103 01 = Lagerfett, Fabrikat: ______________ Sorte: __________ verwenden.

Die Mängelbegriffe sind in Tabelle 6, Anhang 1, zusammengestellt. Sie geben Auskunft über den Schadenszustand (Schadensbild) des Schadenteiles. Auch hier sind Nachträge möglich.

Tabelle 7 (Anhang 1) zeigt Sondertexte für Instandhaltetätigkeiten, welche ebenfalls beliebig erweitert werden können.

Instandhaltetätigkeiten 103 Schmieren, Ölen Codierung nach Tabelle 2, Anhang 1	
103 01	Lagerfett für Gleit- und Wälzlager, Fabr.:........ Sorte:......... Temperatur -30° bis +125° C
103 02	Getriebeoel für Stirnradgetriebe, Fabr.:......... Sorte:.........
103 03	Getriebeoel für Schneckengetriebe, Fabr.:........ Sorte:.........
103 04	Molykote Longterm 1
103 05	Molykote M 55
103 06	Transformatoren-Oel nach DIN - VDE 0370 Fabrikat:........... Sorte:...........
103 07	Schalter-Oel nach DIN-VDE 0370 Fabrikat:............Sorte:...........
103 08	
103 09	
103 10	

Bild 4.1.: Schmiermittelliste, Zusammenstellung aus Wartungsanleitungen der Anlagen- bzw. Betriebsmittelhersteller (Codierung 050, Tabelle 1, Anhang 1)

Beispiel:
In einer Verteilung 400 Volt Drehstrom wird bei einer Sichtprüfung ein Schaden am Sammelschienensystem festgestellt. Der Schaden kann wie folgt im Mängelbericht festgehalten werden (nach Formular Nr. 5, Anhang 2):

Betriebsmittel/Gerät:	Schadensteil:	Schadensbild:	Instandhaltetätigkeit
Verteilung 400 V Nr. 3A	214	41	005
(Sammelschiene, lose Verbindung, Instandsetzen)			

Bild 4.2 zeigt eine Beispielsammlung über Mängel an Verteilungen, Zählerplätzen und Installationsanlagen. Die Codierungen »Schadensteil« und »Schadensbild« können Tabelle 4, 5 u. 6 (Anhang 1) entnommen werden.

Die Codierungen:
Instandhaltetätigkeiten, Tabelle 1-3
Schadensteile, Tabelle 4 u. 5
Mängelbegriffe, Tabelle 6
eigenen sich auch für eine Übernahme in EDV- oder PC-Anlagen, wenn entsprechende Instandhalteprogramme zur Verfügung stehen.
Bei der Erstellung von Instandhaltetexten sind folgende Unterlagen von Nutzen:
- Übersichtsschaltplan
- Stromlaufplan
- Stückliste für Stromlaufplan
- Anschluß-(Klemmen-)Plan
- Instandhalteempfehlungen, Wartungsanleitung
- Meßeinrichtungen und Hilfsmittel
- Ersatzteilliste
- Funktionsbeschreibung, Bedienungsanleitung

Formularvorschläge: für Terminplanung, Arbeitskarten, Mängelbericht und Meßprotokoll sind wie folgt zusammengestellt:

Formular Nr 1 (Anhang 2) für Instandhaltung elektrischer Anlagen und Betriebsmittel mit 3-Jahres-Terminplan kombiniert mit Arbeitskarte »Instandhaltetätigkeiten« und Codierungsmöglichkeit nach Tabelle 1-3. Dieses Formular eignet sich besonders für Instandhalte-Frequenzen von einem Monat bis 3 Jahre. Die Spalten »Erledigt« haben z. Zt. 6 Zeilen, sie müssen bei monatlicher Frequenz auf 12 Zeilen erweitert werden. In der Monatsspalte können Merkzeichen eingetragen werden.

J	F	M	A	M
■	□	●	○	X

Formular Nr. 2 (Anhang 2) für Instandhaltung elektrischer Anlagen mit Terminplan 1 bis 3 Jahre enthält 18 Zeilen pro Jahr für Erledigungsvermerke; d. h. wenn das Formular nur für 1 Jahr benutzt wird, können 54 Erledigungsvermerke eingetragen werden (ein Vermerk pro Woche). Bei täglichen Eintragungen (Frequenz T) müssen die Zeilen entsprechend erweitert werden.
Formular Nr. 3 (Anhang 2) zeigt eine Arbeitskarte für zeitabhängige als auch für zustandsabhängige Instandhaltung. In die erste Spalte kann man bei zeitabhängiger Instandhaltung die »Frequenz« eintragen. Bei zustandsabhängiger Instandhaltung können Meßwerte, wie z. B. Warn-Grenzwerte, Kohlebürstenabnutzung oder Werte von Betriebsstundenzählern eingetragen werden.

Mängelliste Verteilung und Zählerplätze (Beispiele)			
Codierung Schadensteil		Codierung Schadensbild	
099	Gehäuse	51	unzureichend
213	Schutzart	51	unzureichend
001	Abdeckung	22	fehlerhaft
001	Abdeckung	56	nicht vorhanden
099	Gehäuse	73	verschmutzt
120	Hauptschalter	23	fehlt
156 066	Leitung Einführung	23	fehlt
211	Sicherung	58	nicht vollzählig
212	Sicherungsautomat	11	beschädigt
031	Bezeichnungsschilder	56	nicht vorhanden
136	Klemmen	50	unvorschriftsmäßig
191	PEN	59	nicht erkennbar
Mängelliste Installationsanlage (Beispiele)			
130	Installation	52	unzulässig
156	Leitung	60	nicht ausreichend
003	Aderzahl	60	nicht ausreichend
156 066	Leitung Einführung	43	mangelhaft
191	PEN	22	fehlerhaft
156 026	Leitung Befestigungen	51	unzureichend
096	Geräteanschluß	22	fehlerhaft
156	Leitung	46	schadhaft
001	Abdeckung	23	fehlt
217	Schalter	46	schadhaft
146	Kontrollampe	24	funktioniert nicht
006 052	Abzweigdose Deckel	23	fehlt
218	Steckdose	16	defekt
096	Geräteanschluß	23	fehlt
157 035	Leuchte Brandschutz	51	unzureichend
027	Berührungsschutz	23	fehlt
014	Anlageteile	73	verschmutzt

Bild 4.2: Mängelliste für Verteilungen, Zählerplätze und Installationsanlagen (Beispiele).

Formular Nr. 4 (Anhang 2) zeigt eine Arbeitskarte zur Eintragung von Instandhaltetätigkeiten von Hand als auch über Computer.
Formular Nr. 5 (Anhang 2) für Instandhaltung elektrischer Anlagen als Mängelbericht. In diesem Mängelbericht können neben Anlage und Betriebsmittel »Schadensteil«, »Schadensbild« und »Instandhaltetätigkeit« im Klartext oder codiert nach Tabellen (Anhang 1) eingetragen werden. Das Formular kann für zeitabhängige wie auch für zustandsabhängige Instandhaltung Verwendung finden.
Formular Nr. 6 (Anhang 2) eignet sich für Eintragung von Schadensmeldungen. Auch hier können neben Anlage und Betriebsmittel, Schadensteil, Schadensbild und Instandhaltetätigkeit codiert nach Tabellen (Anhang 1) eingetragen werden. Eintragungen für Schichtbetrieb, Ausfallzeit und Erledigungsvermerke sind möglich.
Formular Nr. 7 (Anhang 2) zeigt ein Meßprotokoll, das beliebig erweitert für zeitabhängige und zustandsabhängige Instandhaltung benutzt werden kann. Mit den Indexzahlen 1 bis 8 soll in der Spalte »Bemerkungen« der jeweilige Meßvorgang mit Angabe des Meßgerätes vermerkt werden.
Formular Nr. 8 (Anhang 2) zeigt ein Meßprotokoll für zustandsabhängige Instandhaltung.
Formular Nr. 9 (Anhang 2) zeigt ein Blankoformular zur Ausarbeitung von Schwachstellen-Analysen.
Formular Nr. 10 (Anhang 2) zeigt eine Betriebsmittel-Liste mit Codierung der Betriebsmittel, Eintragung der Mängel im Mängelbericht, Datum des Prüftermins und Erledigungsvermerk für die Prüfplakette.
Eine Möglichkeit, wie man elektrische Anlagen und Betriebsmittel numerieren oder codieren kann, zeigt Bild 4.3. Die Numerierung erfolgt fortlaufend z. B. von 001 bis 999 oder 0001 bis 9999. Eine zweistellige Code-Nr. weist auf die Art der Betriebsmittel oder Anlagen hin. Eine Fertigungs- oder Produktionsanlage trägt die Code-Nr. 09 hinter der fortlaufenden Anlagennummer.
Die Betriebsmittel-Liste Bild 4.4 zeigt einige Beispiele, wie Betriebsmittel gekennzeichnet werden können (nach Formular Nr. 10, Anhang 2). Die Betriebsmittel können fortlaufend numeriert und nach Schutzklasse, Anlagenart etc. codiert werden.
Auf der Betriebsmittelliste nach Bild 4.4 werden Prüfvermerke, wie »Eintragung im Mängelbericht, Datum« und »Prüfung erledigt, Prüfplakette an Betriebsmittel angebracht« eingetragen. Am Beispiel der Handbohrmaschine Nr. 003 04 wurde ein Mangel wie folgt festgestellt.

Eintragung Mängelbericht (Formular Nr. 5, Anhang 2):

Schadensteil 220 Stecker
Schadensbild 11 beschädigt
Instandhaltetätigkeit 006 Austauschen
Instandsetzung wurde am 22. 11. 93 erledigt.

Numerierung der Betriebsmittel

Code - Nr.

001 01
999 09

- 01 = Nicht ortsfeste elektrische Betriebsmittel der Schutzklasse I (mit Schutzleiteranschluß)
- 02 = Nicht ortsfeste elektrische Betriebsmittel der Schutzklasse II (schutzisoliert ohne Schutzleiteranschluß)
- 03 = Nicht ortsfeste elektrische Betriebsmittel der Schutzklasse III (für Schutzkleinspannung)
- 04 = Ortsfeste elektrische Betriebsmittel der Schutzklasse I (mit Schutzleiteranschluß)
- 05 = Ortsfeste elektrische Betriebsmittel der Schutzklasse II (schutzisoliert ohne Schutzleiteranschluß)
- 07 = Stationäre Anlagen
- 08 = Nicht stationäre Anlagen
- 09 = Fertigungsanlagen

Fortlaufende Numerierung der Betriebsmittel (001 bis 999) (0001 bis 9999)

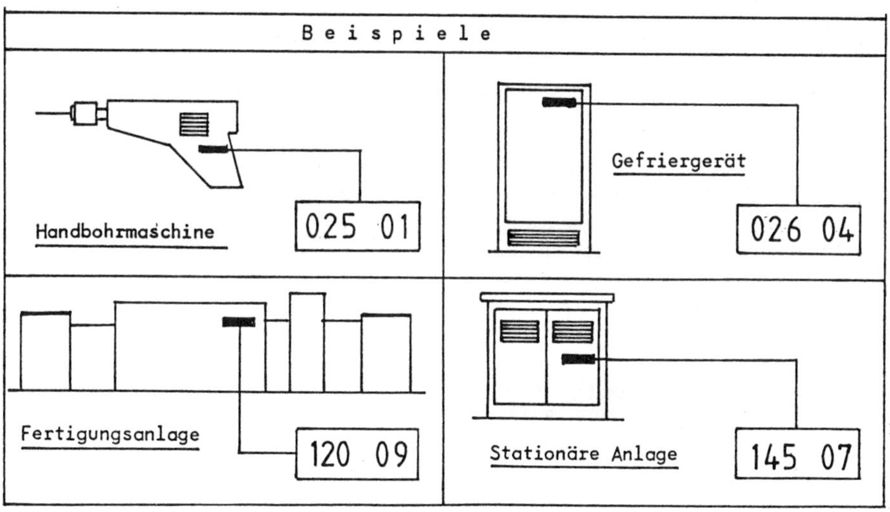

Bild 4.3: Numerierung der Betriebsmittel

Firma
Maier & Co KG

Betriebsmittelliste Nr. 4 Blatt: 1

Frequenz: 6M

Nächste Prüfung:
Mai 1994

Prüfung elektrischer Anlagen und Betriebsmittel
Abteilung: XY

☒ Eintragung in Mängelbericht, Datum
☒ Prüfplakette erledigt

Codierung:	Betriebsmittel:	Mängelbericht:	Prüfplakette:
001 04	Absauganlage	☐	☒
002 04	Bohrmaschine	☐	☒
003 04	Handbohrmaschine	☒ 22.11.93	☒
004 01	Schreibmaschine	☐	☒
005 07	Demag - Kran	☐	☒
006 08	Drehstromaggregat	☐	☒
		☐	☐
		☐	☐

Bild 4.4: Eintrag der Betriebsmittel in die Betriebsmittelliste (Formular Nr. 10, Anhang 2)

Beim Prüfen elektrischer Anlagen und Betriebsmittel können Fachunternehmen wie auch betriebseigene Elektrofachkräfte Prüfplaketten nach Bild 4.5 bzw. Bild 4.6 verwenden. Es handelt sich um Klebeplaketten, die auf den nächsten Prüftermin hinweisen. Die Plaketten werden vor dem Aufkleben an der Monats- und Jahreszahl mit einer Schere eingekerbt oder mit einer Lochzange gelocht.
Der Hinweis auf den nächsten Prüftermin entbindet den Betreiber der Anlage oder des Betriebsmittels nicht von der Pflicht, plötzlich auftretende Mängel sofort beheben zu lassen. Die Plaketten werden an einer gut sichtbaren Stelle am Betriebsmittel befestigt.

Bild 4.5: Prüfplakette für elektrische Betriebsmittel
Nächste Prüfung August 1993
(eingekerbt mit Schere)

Bild 4.6: Prüfplakette für elektrische Betriebsmittel Nächste Prüfung August 1993 (gelocht mit Lochzange)

Ein Mängelbericht Formular Nr. 5 (Anhang 2) zeigt auf Bild 4.7 Störungen an einer Fertigungsanlage.

Beispiel: Motor BO 10

1 = Kennzeichnung Art des Betriebsmittels nach DIN 40719, Teil 2, nach Bild 4.8
F 3 Thermische Auslösung (F) mit fortlaufender Numerierung,
3 = Codierung Schadensteil 227 (Thermische Auslösung),
3 = Codierung Schadensbild 08 (ausgelöst)
4 = Codierung Instandhaltetätigkeit 007 (Entklinken)

Beispiel: BO 5

1 = K 12 Schütz Nr. 12
2 = Schadensteil 215 (Schütz)
3 = Schadensbild 16 (defekt)
4 = Instandhaltetätigkeit 006 (Austauschen)

Mängelbericht		Codierung nach Tabelle			
Anlage: Fertigungsanlagen BO Nr. 1 – 10					
Betriebsmittel / Gerät:		Codierung: Schadens-Teil:	Schadens-Bild:	Instandh.-tätigkeit:	
Motor BO 10	F3	227	08	007	
BO 5	K12	215	16	006	
	▲ 1	▲ 2	▲ 3	▲ 4	

Bild 4.7: Beispiel Mängelbericht

Kennzeichnung der Art des Betriebsmittels nach DIN 40719, Teil 2			
Kennbuchstabe	Gerätearten / Beispiele	Kennbuchstabe	Gerätearten / Beispiele
Q	Schalter für Starkstrom: Trenner, Lastschalter, Motorschalter, Leistungsschalter, Selbstschalter, Motorschutzschalter	V	Halbleiter: Dioden, Transistoren, Thyristoren
S	Hilfsschalter, Wähler: Befehlsschalter, Steuerschalter, Tastschalter, Wahlschalter, Meisterschalter	R	Widerstände und Schnellregler: Vorwiderstände, Schutzwiderstände, Anlaß-, Feld- und Bremswiderstände, Anlasser und Schnellregler
K	Schütze: Leistungsschütze	Y	Sonstige mech. Geräte mit elektrischem Antrieb: magnetisch oder motorisch betätigte Ventile, Magnetkupplungen, Lasthebemagneten
K	Hilfsschütze, Relais: Hilfs- und Zeitrelais, Hilfsfernschalter	A	Baugruppen: Verstärker, Gerätekombinationen
F	Schutzeinrichtungen: Sicherungen, messende Auslöser, Schutzrelais, Buchholzschutz	X	Steckvorrichtungen: Trennstecker, Steckdosen, Klemmen, Prüfstecker
P	Meßgeräte, Prüfeinrichtungen: Spannungs- und Strommesser, Leistungs- und Leistungsfaktormesser, Zähler usw.	E	Verschiedenes: Beleuchtung, Heizung usw.
H	Sicht- und Hörmelder: Leucht- und Zeigermelder, Zählwerke, Wecker, Hupen	B	Umsetzer, elektrisch- nichtelektrisch: Meßumformer, Fühler, Mikrofone, Tonabnehmer, Lautsprecher, Fotozellen
C	Kondensatoren: Kondensatoren aller Art	D	Binäre Elemente: Einrichtungen der Digitaltechnik, digitale Steuerungen, Verzögerungseinrichtungen, Speicher, Rechentechnik
L	Induktivitäten: Reaktanz- und Glättungsspulen		
M	Motoren: Drehstrommotoren usw.	N	Verstärker, Regler: Analoge Steuerungs- und Regelungstechnik, Operationsverstärker, Regler aller Art, Transduktoren
G	Generatoren: Stromversorgung, Batterie, Oszillator, rotierende Generatoren		
T	Transformatoren: Übertrager, Spannungs- und Stromwandler	W	Übertragungswege, Antennen: Kabel, Sammelschienen, Antennen aller Art, Hohlleiter
U	Umsetzer: Wechselrichter, Umrichter, Gleichrichter, Modulatoren	Z	Abschlüsse, Filter, Entzerrer: Filter aller Art, Pässe, Funkentstöreinrichtungen, Dämpfungseinrichtungen
V	Röhren: Vakuumröhren, gasgef. Röhren		

Bild 4.8: Zusammenstellung Kennzeichnung Betriebsmittel

Bei der Erstellung von Terminplänen sollen möglichst Jahrespläne ausgearbeitet werden, welche sämtliche elektrische Anlagen und Betriebsmittel erfassen. Es erfolgt eine Zuteilung nach Kalenderwoche und Tag, d. h. die Kalenderwoche beginnt montags und endet am Sonntag. Diese Terminplan-Zuteilung ist unabhängig vom Kalenderjahr. Je nach Kalenderwoche (KW) und Tag werden Anlagen und Betriebsmittel den Instandhalte-Frequenzen zugeteilt.

Beispiel: Erstellung Jahresterminplan

Anlage/Betriebsmittel:	Fertigungsanlage A 1 – A 5
Frequenz:	3 M
Zuteilung:	KW 11, 24, 37, 50 Tag Sa
Anlage/Betriebsmittel:	Fertigungsanlage B 1 und B 2
Frequenz:	6 M
Zuteilung:	KW 25, 50, Tag Mo
Anlage/Betriebsmittel:	Trafostation T 4
Frequenz:	J
Zuteilung:	KW 36, Tag So
Anlage/Betriebsmittel:	Betriebsmittelliste Nr. ...
Frequenz:	6 M
Zuteilung:	KW 07, 33, Tag Fr

Terminplan

KW	Tag	Anlage/Betriebsmittel	Frequenz
07	Fr	Betriebsmittelliste Nr.	6 M
11	Sa	A 1 – A 5	3 M
24	Sa	A 1 – A 5	3 M
25	Mo	B 1 und B 2	6 M
33	Fr	Betriebsmittelliste Nr.	6 M
36	So	Trafostation T 4	J
37	Sa	A 1 – A 5	3 M
50	Sa	A 1 – A 5	3 M
50	Mo	B 1 und B 2	6 M

4.1 Zeitabhängige Instandhaltung

Die zeitabhängige Instandhaltung elektrischer Anlagen und Betriebsmittel erfolgt Arbeitskarten und Terminplan gemäß festgelegten Zeitintervallen. Mustertermin-pläne und Arbeitskarten zeigen die Formulare 1-4 (Anhang 2).

Die Zuteilung der Instandhaltetätigkeiten zu den einzelnen Arbeitskarten richtet sich im wesentlichen nach der Beanspruchung der Anlage, dem Abnutzungsvorrat (siehe Abschnitt 2.8), den gesetzlich vorgeschriebenen Prüfungen und den besonderen Anweisungen des Anlagen- bzw. Betriebsmittel-Herstellers. Auch Erkenntnisse aus Schwachstellenuntersuchungen (siehe Kapitel 5) können die Zuteilung beeinflussen.

Frequenz (Zeitintervall) zur Ausführung der Instandhaltetätigkeiten

T = jeden Tag	2 M = alle 2 Monate
3 T = alle 3 Tage	3 M = alle 3 Monate
W = jede Woche	6 M = alle 6 Monate
2 W = alle 2 Wochen	J = jedes Jahr
M = jeden Monat	2 J = alle 2 Jahre

Beispiel für Zuteilung der Instandhaltetätigkeiten:

a) Arbeitskarte Nr. 1: Frequenz = W (jede Woche)
   001 Besichtigen Notausschalter S 1, S 2, S 3
   002 Erproben Notausschalter S 1, S 2, S 3
   205 Erproben Sicherheitsbeleuchtung ______
usw.

b) Arbeitskarte Nr. 2: Frequenz = M (jeden Monat)
   024 Temperaturmessung Betriebsmittel ______
   102 Justieren und Nachstellen Betriebsmittel ______
   001 Besichtigen Gleichlauf Anlage ______
usw.

c) Arbeitskarte Nr. 3: Frequenz = J (jedes Jahr)
   100 Reinigen Anlage, Betriebsmittel ______
   101 Reinigen Be- und Entlüftung ______
   010 Isolationswiderstandsmessung ______
usw.

Eine Beispielsammlung »zeitabhängige Instandhaltung« ist in Kapitel 6 zusammengestellt. Bild 4.9 zeigt eine Durchführungsanweisung für Prüfungen elektrischer Anlagen und Betriebsmittel und Beispiele für die Prüffristen nach VBG 4 § 5. Bei der geplanten Instandhaltung können Instandhalte-Frequenzen — je nach Nutzungsdauer, Abnutzungsvorrat und Anlagensicherheit — in kürzeren Abständen geplant werden, als dies von der Berufsgenossenschaft vorgeschrieben wird.

Instandhalte-Frequenzen müssen der jeweiligen Anlage angepaßt werden.

Bei der geplanten Instandhaltung sollen auf alle Fälle die VDE-Bestimmungen 0105, Teil 1 wie folgt beachtet werden:

- Besichtigen auf äußerlich erkennbare Schäden und Mängel.
- Erproben auf Funktion und Wirksamkeit.
- Messen, um eine Beurteilung der Schutzmaßnahmen zu ermöglichen, (siehe auch Tabellen 1 bis 3 (Anhang 1) »Instandhaltetätigkeiten«).

Prüfungen elektrischer Anlagen und Betriebsmittel und Beispiele für die Prüffristen

Anlage/Betriebsmittel	Prüffrist	Art der Prüfung	Prüfer
Elektrische Anlagen und Betriebsmittel allgemein	vor der ersten Inbetriebnahme	auf ordnungsgemäßen Zustand, falls keine entsprechende Bescheinigung des Errichters vorliegt	Elektrofachkraft oder unter Leitung und Aufsicht einer Elektrofachkraft
	nach einer Änderung oder Instandsetzung	auf ordnungsgemäßen Zustand, falls keine entsprechende Bestätigung des Reparaturunternehmens vorliegt	
Elektrische Anlagen und ortsfeste elektrische Betriebsmittel	mindestens alle 4 Jahre	auf ordnungsgemäßen Zustand	Elektrofachkraft
Nicht ortsfeste elektrische Betriebsmittel; Anschlußleitungen mit Steckern; Verlängerungs- und Geräteanschlußleitungen mit ihren Steckvorrichtungen	mindestens alle 6 Monate (soweit benutzt)	auf ordnungsgemäßen Zustand	Elektrofachkraft, bei Verwendung geeigneter Prüfgeräte auch elektrotechnisch unterwiesene Personen
Schutzmaßnahmen mit Fehlerstromschutzeinrichtungen bei nichtstationären Anlagen	mindestens einmal im Monat	auf Wirksamkeit	

Bild 4.9 Durchführungsanweisung für Prüfungen elektrischer Anlagen und Betriebsmittel nach VBG 4, § 5.

Anlage/Betriebsmittel	Prüffrist	Art der Prüfung	Prüfer
Fehlerstrom- und Fehlerspannungs-Schutzeinrichtungen – bei stationären Anlagen	mindestens alle 6 Monate	auf einwandfreie Funktion durch Betätigen der Prüfeinrichtungen	Benutzer
– bei nichtstationären Anlagen	arbeitstäglich		
Isolierende Schutzkleidung	vor jeder Benutzung	auf augenfällige Mängel	Benutzer
	mindestens alle 6 Monate (soweit benutzt)	auf sicherheitstechnisch einwandfreien Zustand	Elektrofachkraft
Spannungsprüfer; Isolierte Werkzeuge; Isolierende Schutzeinrichtungen und Betätigungs- und Erdungsstangen	vor jeder Benutzung	auf augenfällige Mängel und einwandfreie Funktion	Benutzer
Spannungsprüfer für Nennspannungen über 1 kV	mindestens alle 6 Jahre	auf Einhaltung der in den elektrotechnischen Regeln vorgegebenen Grenzwerte	Elektrofachkraft

Zu Bild 4.9

4.2 Zustandsabhängige Instandhaltung

Unter zustandsabhängiger Instandhaltung versteht man Prüfungen und Messungen an Anlagen und Betriebsmitteln, die Aufschluß über den Abnutzungsvorrat geben. Elektrische Anlagen und Betriebsmittel können den Betriebszustand von Produktionsanlagen nachteilig verändern, wenn der Abnutzungsvorrat nicht bekannt ist. Elektronikbauteile, Steuerungsteile, Geräte, elektrische Meß- und Regeleinrichtungen etc. besitzen oft Schwachstellen, die das Produkt nachteilig beeinflussen. Dabei treten an der Fabrikationsmaschine Toleranzabweichungen ein, die die Produktqualität in Frage stellen.

Mit der zustandsabhängigen Instandhaltung können Prüfungen und Meßungen an der Elektroanlage, Meß- und Regelanlage, Produktionsmaschine und auch am Pro-

dukt vorgenommen werden. Je komplizierter die Funktion und Technologie einer Anlage oder Maschine ist, desto wichtiger kann die zustandsabhängige Instandhaltung für die Produktqualität sein.
Voraussetzung ist die Meß- und Prüfbarkeit, sowie die Verfügbarkeit von Qualitätsdaten des Produktes. Toleranzgrenzen müssen festliegen und Toleranzabweichungen erkennbar sein. Beim Betrieb elektrischer Anlagen und Betriebsmittel treten z.B. Erwärmungen oder Schwingungen auf, die durch Messung erfaßbar sind. Es sollte daher immer nach brauchbaren Meßmöglichkeiten gesucht werden, die sich für die Zustandsbeurteilung eignen. Aufgrund der ermittelten Meßwerte können Aussagen über den augenblicklichen Zustand der Anlage im Vergleich zu früheren Messungen gemacht werden.
In der Tabelle 1-3, Anhang 1, »Instandhaltetätigkeiten« sind Meßverfahren eingetragen, die auch bei der zustandsabhängigen Instandhaltung Anwendung finden.

010-021 Elektrische Messungen,
022 Schwingungsmessung,
023 Ultraschallmessung,
024 Temperaturmessung,
025 Oszilloskopieren.

Bei der Auswahl der Meßverfahren muß immer die wirtschaftlich richtige Lösung gefunden werden. Die Kosten müssen im richtigen Verhältnis zum Instandhalteaufwand stehen. Auf dem Markt werden z.B. Temperatur-, Schwingungs- und Ultraschallmeßeinrichtungen angeboten, die bei der Anlagen-Instandhaltung Eingang gefunden haben. Es sollten jedoch die Meßeinrichtungen ausgewählt werden, die brauchbar und wirtschaftlich vertretbar sind.
Durch Dokumentation der Meß- und Prüfergebnisse ist der Abnutzungsvorrat feststellbar, und evtl. notwendige Instandhaltemaßnahmen können rechtzeitig eingeplant werden.
Wichtig ist, daß die Messungen, die in zeitlichen Abständen erfolgen, diese Bedingungen erfüllen:

- gleiche Meßstelle,
- gleiches Meßgerät und gleiches Meßverfahren,
- gleiche Belastungs- und Arbeitsbedingungen,
- gleiche Raum- und Umweltbedingungen,
- gleiche Produktionsbedingungen.

Zustandsabhängige Messungen und Prüfungen können auf einem Meßblatt nach Formular Nr. 8 (Anhang 2) eingetragen werden. Bei der zustandsabhängigen Instandhaltung werden Instandhalte-Termine auch über Betriebsstundenzähler ermittelt.
Bild 4.10 zeigt einen Betriebsstundenzähler mit zwei Zählwerken, der zwei Zeitfrequenzen besitzt, die eingestellt und über Signalleuchten (oder akustische Signale) angezeigt werden.

Ist an einer Produktionsanlage der Betriebsstundenzähler z. B. auf 2000 Betriebsstunden eingetellt, dann werden nach Ablauf dieser Zeit die geplanten Instandhaltetätigkeiten durchgeführt. Diese sind, wie bei Abschnitt 4.1, auf einer Arbeitskarte festzuhalten.

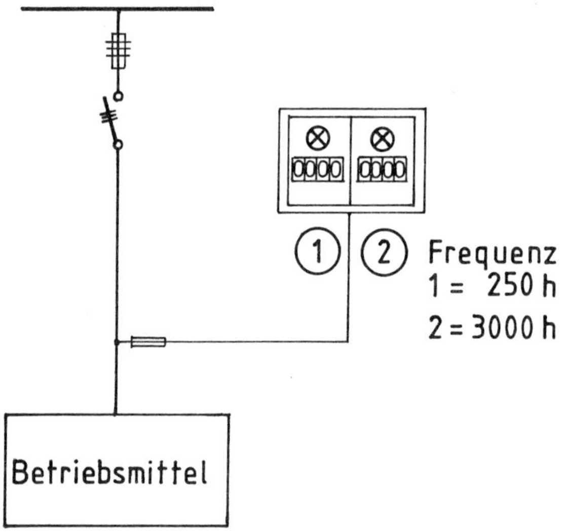

Bild 4.10: Betriebsstundenzähler mit Kontroll-Leuchte für verschiedene Frequenzeinstellungen.

Ähnlich wie bei der zeitabhängigen Instandhaltung gelten folgende Regeln:

- Besichtigen der Anlage auf äußerlich erkennbare Schäden und Mängel.
- Erproben auf Funktion und Wirksamkeit der Anlage.
- Messen, z.B. ob Produkt noch im Toleranzbereich, Gleichlauf, Regelanlage etc.

Beispiel für Zuteilung der Instandhaltetätigkeiten:

Arbeitskarte Nr. 1: »zustandsabhängige Instandhaltung nach 2000 Betriebsstunden«

001 Besichtigen Gesamtanlage
050 Wartungsanleitung des Anlagen- bzw. Betriebsmittelherstellers beachten!
100 Reinigen Anlage, Betriebsmittel
109 Besichtigen auf Staubablagerung, Verschmutzung, Beschädigung, Korrosion, Schwitzwasser
119 Besichtigen Schutzvorrichtungen ____
201 Erproben Anlage und Betriebsmittel ____
204 Erproben Sicherheitseinrichtungen ____

003 Messen Produkt, z.B. 120 × 240 mm Sollwert, zulässige Toleranzabweichung ± 0,08 mm
003 Messen Gleichlauf Regelanlage ______

Eine Beispielsammlung zur zustandsabhängige Instandhaltung ist in Kapitel 7 zusammengestellt.

5 Schwachstellen-Analysen

Bei der Untersuchung von Schäden an elektrischen Anlagen und Betriebsmitteln, stellt man oft fest, daß diese Schäden und Mängel an Schwachstellen vorkommen. Schwachstellen an Betriebsmitteln und Anlagen sind Schäden und Mängel, die sich oft schon bei der Erstinbetriebnahme zeigen. Die Eindämmung der Schwachstellen ist daher eine wichtige Aufgabe innerhalb der geplanten Instandhaltung.
Instandhaltekosten können nicht erfolgreich reduziert werden, wenn Schwachstellenkosten akzeptiert werden. Schwachstellen findet man an Anlagen und Betriebsmitteln, wenn diese sich schneller abnutzen, als Betreiber und Hersteller erwarten.
Schwachstellen können wie folgt entstehen:

- Anlagen- und Betriebsmittelausführung ist den Beanspruchungen nicht gewachsen (zu hohe Auslastung).
- Die Betriebsweise überschreitet die Beanspruchbarkeit. Das Betriebsmittel wird zeitweise oder dauernd überlastet.
- Die konstruktive Beanspruchbarkeit wird überschritten.
- Das Instandhalteverfahren ist falsch.
- Abnutzungsschäden werden nicht rechtzeitig beseitigt.

Eine elektrische Anlage oder Betriebsmittel, z.B. Maschinensteuerung, Schaltanlage, Elektronikanlage, Programmsteuerung etc., ist so sicher wie das schwächste Bauteil. Die meisten Schwachstellen werden von den Betreibern in Kauf genommen und bleiben während der gesamten Gebrauchszeit von Anlagen und Betriebsmitteln bestehen.
Eine Instandhalteplanung in Verbindung mit Schwachstellenuntersuchungen wird sich immer lohnen, wenn komplizierte Anlagen betrieben oder hochwertige Produkte hergestellt werden.
Oft sind Anlagen rund um die Uhr im Dreischichtbetrieb im Einsatz. Bei der Instandhalteplanung sind folgende Punkte zu beachten:

- Bevor Instandhaltetätigkeiten geplant werden, sind Schwachstellenuntersuchungen vorzunehmen.
- Die Ergebnisse der Schwachstellen-Analysen sollen möglichst auch mit dem Anlagen- oder Betriebsmittelhersteller besprochen werden.
- Die Bedienungs- und Wartungsanleitungen der Anlagen- und Betriebsmittelhersteller sollen beachtet und in das Instandhaltesystem aufgenommen werden.
- Untersuchungen der Anlagen- und Betriebsmittel auf ihre Ausfallwahrscheinlichkeit. Wie verschlechtert sich der Anlagenzustand während der Nutzungsphase? Wie groß ist der Nutzungsvorrat?

- Die Kosten für Instandhaltung (vorbeugende Maßnahmen) müssen im richtigen Verhältnis zu den Produktionsausfallkosten stehen.
- Das Instandhaltesystem muß zur Verbesserung des Anlagenzustandes beitragen.
- Anlagen-Stillstandszeiten führen zu Produktionsausfallkosten. Instandsetzungen werden schwieriger, wenn die erforderlichen Ersatzteile nicht am Lager sind und erst beschafft werden müssen.
  Oft treten auch Verzögerungen auf, wenn die Instandsetzung durch den Anlagenhersteller ausgeführt werden soll.
- Durch die Instandhalteplanung – in Verbindung mit Schwachstellenuntersuchungen – kann man den Anlagen- und Betriebsmittelzustand verbessern und Instandsetzungskosten einsparen.

Sinn und Zweck der Schwachstellenuntersuchungen und Ausarbeitung von entsprechenden Analysen ist die Reduzierung der Fehlerhäufigkeit an Anlagen und Betriebsmitteln. Durch Schwachstellen-Analysen kann man Häufigkeitsfehler frühzeitig erkennen und Maßnahmen zu deren Beseitigung einleiten.

Die Beurteilung des Anlagenzustandes erfolgt oft an Hand von Aufzeichnungen des Instandhalte-Personals. Die Auswertung der Aufschreibungen bei Wartung und Inspektion gibt Aufschluß über den Anlagenzustand (Tätigkeitsnachweise, Schichtbücher etc.). Auch Schadensmeldungen, siehe auch Bild 5.2, können zur Auswertung benutzt werden.

Nachfolgend einige Fallbeispiele:

Fall 1: Ein Elektromotor wird zeitweise überlastet. Die thermische Auslösung spricht an.
Auszug aus dem Tätigkeitsnachweis des Instandhaltehandwerkers,

10. 8. 1993, II. Schicht:

Thermische Auslösung F 27 von Motor M 27 hat angesprochen, entklinkt, Ausfallzeit 10 Minuten.

Codierung: Schadensteil 227
Schadensbild 07
Instandhaltetätigkeit 007

Die gleiche Störung ist aufgetreten am 11. 8. 1993 in der I. Schicht. Ausfallzeit 10 Minuten.

16. 8. 1993 I.Schicht, Ausfallzeit 10 Minuten.
16. 8. 1993 II. Schicht, Ausfallzeit 15 Minuten.
20. 8. 1993 I.Schicht, Ausfallzeit 15 Minuten.
usw.

Insgesamt wurden in 8 Wochen 18 Störungen festgestellt mit einer Gesamtausfallzeit von 210 Minuten.
Fall 1 wird bei einer Schwachstellenanalyse nochmals detailliert dargestellt.

Fall 2: Auslösegestänge an Fabrikationsanlage wird durch Produkt beschädigt.

1. 2. 1993, I. Schicht.

Auslösegestänge-Schalter S 6 für Motor M 12 wurde durch Produkt beschädigt. Ausfallzeit 35 Minuten.

Codierung: Schadensteil 217, 101
Schadensbild 11
Instandhaltetätigkeit 006

Die gleiche Störung ist aufgetreten:

16. 2. 1993 III. Schicht, Ausfallzeit 45 Minuten.
25. 2. 1993II. Schicht, Ausfallzeit 40 Minuten.
26. 2. 1993I. Schicht, Ausfallzeit 50 Minuten.
usw.
Maßnahmen zur Beseitigung der Schwachstelle:
Gestängekonstruktion wurde vom Anlagenhersteller geändert.

Fall 3: Kettenantrieb an Fabrikationsanlage ist zu schwach ausgelegt.

10. 3. 1993 I. Schicht.

Kettenantrieb Motor M 4 Kette gerissen,
Artikel Nr. 12 314, Kette ausgetauscht.
Ausfallzeit 70 Minuten.

Codierung: Schadensteil 001, 137
Schadensbild 30
Instandhaltetätigkeit 006

Die gleiche Störung ist aufgetreten:

15. 4. 1993 I. Schicht, Ausfallzeit 60 Minuten,
20. 4. 1993 I. Schicht, Ausfallzeit 80 Minuten.
usw.

Maßnahmen zur Beseitigung der Schwachstelle:
Kettenantrieb wurde vom Anlagenhersteller konstruktiv geändert und eine stärkere Kette eingebaut.

Will man Schwachstellenuntersuchungen wirkungsvoll durchführen, muß immer das Schadensteil an einem Betriebsmittel angesprochen werden. Eine Analysierung der Häufigkeitsfehler ist dann meist leicht möglich. Wertvolle Hilfe leistet die Codierung der Schadensteile nach Anhang 1, Tabelle 4 und 5 sowie des Schadensbildes nach Tabelle 6. Die Betriebsmittel- und Anlagenstörungen können täglich oder wöchentlich aus den Tätigkeitsnachweisen der Instandhalte-Handwerker entnommen werden. Nach Anhang 2 kann auch ein besonderes Formular Nr. 6 »Schadensmeldung« benutzt werden.

Bild 5.1 zeigt die Schwachstellen-Analyse für eine Fabrikationsanlage, die zur Ermittlung von Schwachstellen die Codierung von Schadensteil und Schadensbild benötigt. Schadensteil und Schadensbild sowie die Ausfallzeit können den Schadensmeldungen, Bild 5.2 (Beispiel) entnommen werden. In der Schadensmeldung wird auch die »Instandhaltetätigkeit« nach Tabelle 1-3, Anhang 1, festgehalten. In der Tabelle von Bild 5.1 werden die Schäden nacheinander eingetragen und codiert. Dabei wird auch die jeweilige Ausfallzeit in Minuten vermerkt.

S = Schadensteil-Codierung
Z = Ausfallzeit in min.
Summe Z = Ausfallzeit in min. pro Kalenderwoche
Kennlinie = Ausfallzeit in h pro Kalenderwoche

Schwachstellen-Analyse

Anlage/Maschine: XYZ

Monat: August/September — Jahr: 1993

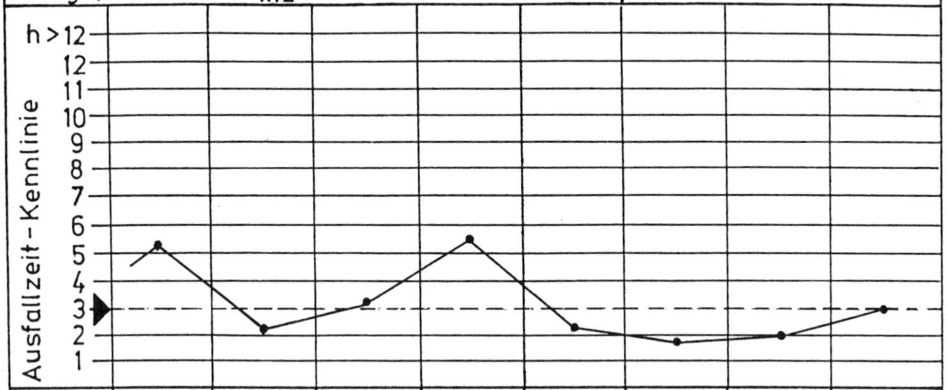

Woche	32		33		34		35		36		37		38		39	
S = Schadensteil-Nr. / Z = Ausfallzeit: min.	S	Z	S	Z	S	Z	S	Z	S	Z	S	Z	S	Z	S	Z
	083	120	227	10	012	60	227	15	034	120	227	10	215	60	227	10
	227	10	227	15	227	10	140	120	227	10	227	10	227	15	227	10
	227	10	067	60	137	60	227	15	227	10	137	90	227	15	054	30
	142	180	011	30	227	10	137	60					012	30	227	10
			227	15	101	60	012	60							083	120
							215	60								
Summe Z	320'		130'		200'		330'		140'		110'		120'		180'	

Sch.-Teil	Sch.-Bild	Bemerkungen:	Sch.-Teil	Sch.-Bild	Bemerkungen:
083	75	Filter Art.-Nr. 47385	101	68	Gestänge Art.-Nr. 20234
227	07	Therm. Auslösung F 27	140	16	Kugellager, Motor M8
142	30	Keilriemen Art.-Nr. 43623	215	16	Schütz K 46
067	16	Endschalter S 12	034	70	Bremse Antrieb M 7
011	10	Antrieb Motor M 12	054	16	Diode Art.-Nr. 17413
012	75	Abfluß			
137	30	Kette Art.-Nr. 16340			

Bild 5.1: Schwachstellen-Analyse.

32. Wo. = 320 min. = 5 h 20′
33. Wo. = 130 min. = 2 h 10′
34. Wo. = 200 min. = 3 h 20′
35. Wo. = 330 min. = 5 h 30′
36. Wo. = 140 min. = 2 h 20′
37. Wo. = 110 min. = 1 h 50′
38. Wo. = 120 min. = 2 h
39. Wo. = 180 min. = 3 h
Sa. = 1530 min. = 25 h 30′

Bild 5.3 zeigt noch eine Zusammenstellung der Schadensfälle, die innerhalb 8 Wochen (32.-39. Woche) aufgetreten sind. Die ermittelten Gesamtstunden pro Woche werden gemäß Bild 5.1 in die Kennlinie eingetragen. Die gestrichelte Linie (3 h Ausfallzeit) deutet einen Grenzwert an, der nicht überschritten werden soll.

Schadensmeldung	Monat: August 19.93..	Blatt: 1
Anlage: XYZ		

Datum:	Schicht:	Betriebsmittel / Gerät:	Codierung Schadens-teil	Schadens-bild	Instand-halte-tätigkeit	Ausfall-zeit min.	Erledigt durch:
9.8.	1	Filter Art. Nr. 47 385	083	75	004	120	Müller
10.8.	2	Therm. Auslösung F 27	227	07	007	10	Schneider
11.8.	1	Therm. Auslösung F 27	227	07	007	10	Becker
12.8.	2	Keilriemen Art. Nr. 43623	142	30	006	180	Schneider
16.8.	1	Therm. Auslösung F 27	227	07	007	10	Schneider
16.8.	2	Therm. Auslösung F 27	227	07	007	15	Becker
17.8.	1	Endschalter S 12	067	16	006	60	Meier
18.8.	2	Antrieb Motor M 12	011	10	005	30	Meier
20.8.	1	Therm. Auslösung F 27	227	07	007	15	Becker
		u.s.w.					

Bemerkungen: ./.

Bild 5.2: Schadensmeldung mit Beispielen für Schwachstellen-Analyse 32. und 33. Woche 1993.

Schadensteil	Schadensbild	Instandhalte-tätigkeit	Anzahl	Ausfall-zeit min.
083 Filter	75 verstopft	004 Reinigen	2x	240
227 Therm.Auslösung	07 angesprochen	007 Entklinken	18x	210
142 Keilriemen	30 gerissen	006 Austauschen	1x	180
067 Endschalter	16 defekt	006 Austauschen	1x	60
011 Antrieb	10 blockiert	005 Instandsetzen	1x	30
012 Abfluß	75 verstopft	004 Reinigen	3x	150
137 Kette	30 gerissen	006 Austauschen	3x	210
101 Gestänge	68 verbogen	005 Instandsetzen	1x	60
140 Kugellager	16 defekt	006 Austauschen	1x	120
215 Schütz	16 defekt	006 Austauschen	2x	120
034 Bremse	70 veroelt	004 Reinigen	1x	120
054 Diode	16 defekt	006 Austauschen	1x	30
		Summe:	35x	1530 min.

Bild 5.3: Zusammenstellung der Schadensfälle 32. bis 39. Woche.

Erläuterung zur Schwachstellen-Analyse

Produktionsstunden: täglich 2 Schichten à 8 h
pro Woche 5 Tage $= 2 \times 8 \times 5 = 80$ h/Wo
8 Wochen $\times$ 80 h $= 640$ h
Ausfallzeit: $=$ 25 h 30′ $= 4\%$

In 8 Wochen wurden 35 Schäden aufgezeichnet, davon die thermische Auslösung F 27 (Schadensteil 227) allein mit 18 Schäden. Bei der thermischen Auslösung handelt es sich um eine Schwachstelle, obwohl die Ausfallzeit nur 210 Minuten = 13,7 % von einer Gesamtausfallzeit = 1530 Minuten beträgt.
Als Schadensursache wurde der Motor M 27 ermittelt, der während des Fabrikationsbetriebes zeitweise überlastet wurde. Der Antrieb (Betriebsmittel) ist den Beanspruchungen nicht gewachsen. Er muß gegen einen stärkeren Motor ausgetauscht werden.
Auch die übrigen Schäden, wie Verstopfungen, Verschmutzungen, Verformungen etc. könnten während des Produktionsbetriebes weitgehend durch Instandhalteplanungen vermieden werden. Auch der Kettenriß (3x) und Schützdefekt (2x) sollten überprüft werden, ob eine Schwachstelle vorliegt. Kette (137) und Schütz (215) sind wahrscheinlich den Beanspruchungen nicht gewachsen. Anhang 2, Formular Nr. 9 zur Ausarbeitung von Schwachstellen-Analysen.

6 Planungsbeispiele für zeitabhängige Instandhaltung

Inspektion – Wartung – Instandsetzung

6.1 Instandhaltung einer Transformatorenstation

Instandhalte-Frequenz: 1 x pro Jahr
Bild 6.1 zeigt die Instandhalteplanung der Trafostation mit Arbeitskarte, Blatt 12, und Terminplan 1993-1995.
Die codierten Instandhaltetätigkeiten sind aus Tabelle 1-3 (Anhang 1) zusammengestellt.

052 = Sicherheitsregeln beachten:
Freischalten.
Gegen Wiedereinschalten sichern.
Spannungsfreiheit feststellen.
Erden und Kurzschließen.
Benachbarte, unter Spannung stehende Teile abdecken oder abschranken!
053 = Sicherheitsschild verwenden!
Nicht einschalten!
Es wird gearbeitet.
Ort:
Entfernen der Tafel nur durch:
Name:
050 = Wartungsanleitung des Anlagen- bzw. Betriebsmittelherstellers beachten!
051 = Meßgeräte müssen DIN-VDE 0413 entsprechen. Bedienungsanleitung des Meßgeräteherstellers beachten!
100 = Reinigen Anlage, Betriebsmittel
101 = Reinigen Be- und Entlüftung
105 = Besichtigen Ölstand
107 = Besichtigen Abdeckungen
108 = Besichtigen Türverschluß
109 = Besichtigen auf Staubablagerung, Verschmutzung, Beschädigung, Korrosion, Schwitzwasser
110 = Besichtigen auf Dichtheit
111 = Besichtigen Kabel, Leitungen, Isolierung auf äußere Beschädigung, Verfärbung

	Firma: Maier & Co KG

INSTANDHALTUNG ELEKTRISCHER ANLAGEN	Blatt: 12

Anlage: Inspektion und Wartung Transformatorenstation 20/0,4 kV, Nr. III mit Drehstrom - Öltransformator 400 kVA, Dyn 5, u_k = 4 %

Termin-Plan

19 93												19 94												19 95											
J	F	M	A	M	J	J	A	S	O	N	D	J	F	M	A	M	J	J	A	S	O	N	D	J	F	M	A	M	J	J	A	S	O	N	D
		■												■												■									

Erledigt:		Erledigt:		Erledigt:	
Datum:	Name:	Datum:	Name:	Datum:	Name:
14.3.93	F. Müller				

Beschreibung:

Nach Beschreibung und Übersichtsschaltplan Bild 6.2
Abschaltung der Anlage durch EVU!

INSTANDHALTETÄTIGKEITEN CODIERUNG

052		117	
053	Sicherheitshinweise	118	
050		119	
051	Instandhaltehinweise	120	
100		124	
101		126	
105	Trafo	129	
107		132	
108		133	
109		005	
110	Trafo	013	R_S R_B
111		014	Gesamtanlage
113		201	
114		209	
115	Lasttrennschalter Reihe 20		
116	und NS - Leistungsschalter		

Bild 6.1: Instandhalteplanung Transformatorenstation.

113 = Besichtigen Anschlüsse Schutzleiter, Erdungsleiter, Erdungsanlage, Potentialausgleichleiter
114 = Besichtigen Kabelendverschlüsse
115 = Besichtigen Schalter- oder/und Schützkontakte auf Abbrand, Beschädigung, freie Bewegung, Kontaktdruck, Korrosion
116 = Besichtigen nach Feuchtigkeit und Korrosion: Anlagen, Betriebsmittel, Fußboden, Decke, Wände, Kanäle
117 = Besichtigen Sammelschienen, Anschlußschienen, Schraubenverbindungen, Kabel, Leitungen, Klemmleisten, (evtl. Schrauben nachziehen)
118 = Besichtigen Befestigungen, (evtl. Schrauben nachziehen)
119 = Besichtigen Schutzvorrichtungen
120 = Besichtigen richtige Absicherung der Schutzorgane, richtige Einstellung der Schutzorgane
124 = Besichtigen Isolierung der aktiven Teile, Schutz durch Abdeckung oder Umhüllung
126 = Besichtigen Einrichtungen der Unfallverhütung, Brandbekämpfung, Sicherheitsschilder, Schutzwerkzeuge, Körperschutzmittel etc. Erdungs- u. Kurzschließgeräte, Schaltpläne, Gebrauchs- u. Betriebsanleitungen
129 = Besichtigen NH — Sicherungskontakte auf Abbrand, Beschädigung, Korrosion und Verfärbung
132 = Besichtigen Buchholzschutz
133 = Besichtigen Luftentfeuchter
005 = Instandsetzen, (Schäden, Mängel)
013 = Erdungsmessung
014 = Niederohmige Messung
201 = Erproben Anlage und Betriebsmittel, Schutz- und Hilfsmittel, (funktionell und sicherheitstechnisch)
209 = Erproben Gesamtanlage, Betriebszustand wieder herstellen

Alle nach Code aufgeführten Instandhaltetätigkeiten sind auszuführen. Abschaltung der Anlage durch EVU. Sicherheitsregeln Bild 8.3 und 8.4 beachten!

Erledigung der Instandhaltung (Inspektion, Wartung, Instandsetzung)
1993: 14. 3. F. Müller (Elektrofachkraft). Die Meßergebnisse 013 und 014 sind im Meßprotokoll Bild 6.3 eingetragen.

Im Mängelbericht, Bild 6.4, sind folgende Schäden vermerkt:

Leistungsschalter 630 Amp.	145 = Kontakte, 77 = verschmort,
	005 = Instandsetzen
NS-Sammelschiene	004 = Anschluß, 40 = locker,
	005 = Instandsetzen
NS-Raum	157 = Leuchte, 16 = defekt,
	006 = Austauschen

Terminplanvormerkung: Nächster Termin: März 1994

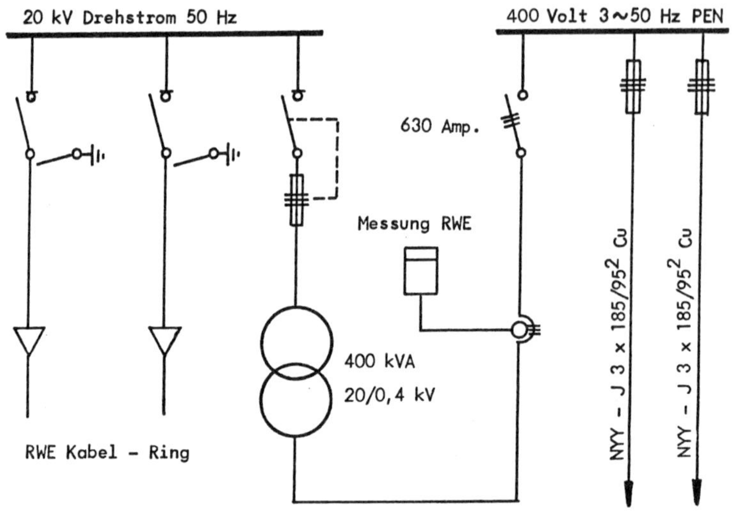

Bild 6.2: Übersichtsschaltplan Transformatorenstation.

Meßprotokoll ■ Mangel ☐ kein Mangel

Transformatorenstation 20/0,4 kV, 400 kVA Nr. III

Firma MAIER & Co KG

Nr.	Messung:	$R_{iso.}$ MΩ (1)	$R_{iso.}$ MΩ (2)	R_d Ω (3)	R_A Ω (4)	Z_s Ω (5)	U_F Volt (6)	I_k Amp. (7)	8
1	Trafostation R_s				1,8				
2	" " R_B				1,3				
3	Potentialausgleich			0,3					

Bemerkungen:
4) Elohmi Z
3) Elohmi 0413

Datum: 14.3.93 | Unterschrift: F. Müller

Bild 6.3: Meßprotokoll Trafostation 400 kVA.

Mängelbericht	Codierung nach Tabelle
Anlage: Transformmatorenstation 20/0,4 kV, 400 kVA, Nr. III Firma Maier & Co KG	

Betriebsmittel / Gerät:	Codierung: Schadens-Teil:	Schadens-Bild:	Instandh.-tätigkeit:	
Leistungsschalter 630 Amp.	145	77	005	
NS - Sammelschiene	004	40	005	
NS - Raum	157	16	006	

Datum:	Unterschrift:		Datum:	Unterschrift:
14.3.93	F. Müller	Mängel behoben ▶	14.3.93	F. Müller

Bild 6.4: Mängelbericht Instandhaltung Trafostation 400 kVA, Nr. III

6.2 Instandhaltung einer automatischen Blindstrom-Kompensationsanlage, 120 kVar

Instandhalte-Frequenz: 1 x pro Jahr.

Bild 6.5 zeigt die Instandhalteplanung der Blindstrom-Kompensationsanlage mit Arbeitskarte, Blatt 8, und Terminplan 1993 bis 1995.
Die codierten Instandhaltetätigkeiten sind aus Tabelle 1-3 (Anhang 1) wie folgt zusammengestellt:

052
053 = Sicherheitshinweise beachten!
050
051 = Instandhaltehinweise beachten!
100 = Reinigen Anlage, Betriebsmittel.
101 = Reinigen Be- und Entlüftung.

	Firma: Maier & Co KG

INSTANDHALTUNG ELEKTRISCHER ANLAGEN Blatt: 8

Anlage: **Inspektion und Wartung einer Blindstrom - Kompensationsanlage 400 V Drehstrom, 50 Hz, mit Automatik, 6 x 20 kVar**

Termin-Plan

19 93												19 94												19 95											
J	F	M	A	M	J	J	A	S	O	N	D	J	F	M	A	M	J	J	A	S	O	N	D	J	F	M	A	M	J	J	A	S	O	N	D
							■												■												■				

Erledigt:		Erledigt:		Erledigt:	
Datum:	Name:	Datum:	Name:	Datum:	Name:
22.8.93	F. Müller				

Beschreibung:
Fabrikat ASEA, TN - Netz

INSTANDHALTETÄTIGKEITEN CODIERUNG

052		113	
053	Sicherheitshinweise beachten!	114	
		115	
050		117	
051	Instandhaltehinweise beachten	118	
100		119	
101		120	
102	cos.-phi (prüfen über Strom-abrechnung oder kWh/BkWh-zähler)	128	
		130	
		005	
106		010	
107		014	
109		201	
110	Kondensatoren (Wölbung)		
111			

Bild 6.5: Instandhalteplanung Blindstromkompensationsanlage 120 kVar.

102 = Justieren, Ein- und Nachstellen, cos.-phi (Prüfen über Stromabrechnung oder kWh/BkWh-Zähler).
106 = Besichtigen Verschluß.
107 = Besichtigen Abdeckungen.
109 = Besichtigen auf Staubablagerung, Verschmutzung, Beschädigung, Korrosion, Schwitzwasser.
110 = Besichtigen auf Dichtheit Kondensatoren (Wölbung).
111 = Besichtigen Kabel, Leitungen, Isolierung auf äußere Beschädigung, Verfärbung.
113 = Besichtigen Anschlüsse Schutzleiter, Erdungsleiter, Erdungsanlage, Potentialausgleichleiter.
114 = Besichtigen Kabelendverschlüsse.
115 = Besichtigen Schalter- und Schützkontakte auf Abbrand, Beschädigung, freie Bewegung, Kontaktdruck, Korrosion.
117 = Besichtigen Sammelschienen, Anschlußschienen, Kabel, Leitungen, Klemmleisten (evtl. Schrauben nachziehen).
118 = Besichtigen Befestigungen (evtl. Schrauben nachziehen).
119 = Besichtigen Schutzvorrichtungen.
120 = Besichtigen richtige Absicherung der Schutzorgane, richtige Einstellung.
128 = Besichtigen Berührungsschutz.
130 = Besichtigen Schutzorgane auf Beschädigung, Verfärbung und Korrosion.
005 = Instandsetzen (Schäden, Mängel).
010 = Isolationswiderstands-Messung.
014 = Niederohmige Messung.
201 = Erproben Anlage und Betriebsmittel, Schutz- und Hilfsmittel (funktionell und sicherheitstechnisch).

Abschaltung der Anlage, Sicherheitsregeln nach Bild 8.3 und 8.4 beachten!

Erledigung der Instandhaltung (Inspektion, Wartung und Instandsetzung)

1993: 22. 8. 93 F. Müller (Elektrofachkraft). Die Meßergebnisse 010 und 014 sind im Meßprotokoll Bild 6.6 eingetragen.

Im Mängelbericht, Bild 6.7, sind folgende Schäden vermerkt:

Schütze	145 = Kontakte, 77 = verschmort,
	006 = Austauschen.
Klemmleiste Kondensatoren	143 = Kabel, 41 = lose Verbindung,
	005 = Instandsetzen.
Kondensator 1. Stufe	251 = Widerstand, 45 = oxydiert,
	004 = Reinigen.
Automatik (cos.-phi)	202 = Regler, 74 = verstellt,
	102 = Justieren, Ein- und Nachstellen.

Terminvormerkung: Nächster Termin: August 1994

Meßprotokoll ■ Mangel ☐ kein Mangel

Automatische Blindstrom-Kompensationsanlage 120 kVar, **400 Volt**
Drehstrom, 50 Hz, TN -Netz
Firma MAIER & Co KG

Nr.	Messung:	1 $R_{iso.}$ MΩ	2 $R_{iso.}$ MΩ	3 R_d Ω	4 R_A Ω	5 Z_s Ω	6 U_F Volt	7 I_k Amp.	8
1	Isolationswiderstand	1,0							
2	Potentialausgleich			0,1					

Bemerkungen:
1) Mindestisolationswiderstand, Isolavi 12
3) Niederohmige Verbindungen, Elohmi 0413

Datum:	Unterschrift:	
22.8.93	F. Müller	

Bild 6.6: Meßprotokoll Blindstrom-Kompensation 120 kVar.

Mängelbericht	Codierung nach Tabelle			
Anlage: **Blindstrom - Kompensations - Anlage Firma Maier & Co KG**				
Betriebsmittel / Gerät:	Codierung: Schadens-Teil:	Schadens-Bild:	Instandh.-tätigkeit:	
Schütze	145	77	006	
Klemmleiste Kondensatoren	143	41	005	
Kondensator 1. Stufe	251	45	004	
Automatik (cos.-phi)	202	74	102	

Datum:	Unterschrift:	Mängel behoben ▶	Datum:	Unterschrift:
22.8.93	F. Müller		22.8.93	F. Müller

Bild 6.7: Mängelbericht Instandhaltung Blindstrom-Kompensation 120 kVar.

6.3 Instandhaltung einer Förderanlage mit Schaltschrank und Steuerpult

Instandhalte-Frequenz: 6 Monate

Bild 6.8 zeigt die Instandhalteplanung der Anlage mit Arbeitskarte, Blatt 25, und Terminplan 1993 bis 1995.
Die codierten Instandhaltetätigkeiten sind aus Tabelle 1-3 (Anhang 1) wie folgt zusammengestellt:

052
053 = Sicherheitshinweise beachten!
050
051 = Instandhaltehinweise beachten!
109 = Besichtigen auf Staubablagerung, Verschmutzung, Beschädigung, Korrosion, Schwitzwasser.
100 = Reinigen Anlage, Betriebsmittel.
101 = Reinigen Be- und Entlüftung.
103 = Schmieren, Ölen der Motoren nach Anweisung Hersteller.
111 = Besichtigen Kabel, Leitungen, Isolierung auf äußere Beschädigung, Verfärbung.
112 = Besichtigen Installation, Schalter, Abzweigdosen, Abzweigkästen, Steckdosen etc. auf äußere Beschädigung.
113 = Besichtigen Anschlüsse Schutzleiter, Erdungsleiter, Erdungsanlage, Potentialausgleichleiter.
114 = Besichtigen Kabelendverschlüsse.
115 = Besichtigen Schalter- und Schützkontakte auf Abbrand, freie Bewegung, Kontaktdruck, Korrosion.
116 = Besichtigen nach Feuchtigkeit und Korrosion: Anlagen, Betriebsmittel, Fußboden, Decke, Wände, Kanäle.
117 = Besichtigen Sammelschienen, Anschlußschienen, Kabel, Leitungen, Klemmleisten (evtl. Schrauben nachziehen).
118 = Besichtigen Befestigungen (evl. Schrauben nachziehen).
108 = Besichtigen Türverschluß Schaltschrank.
119 = Besichtigen Schutzvorrichtungen.
120 = Besichtigen richtige Absicherung der Schutzorgane, richtige Einstellung.
124 = Besichtigen Isolierung der aktiven Teile, Schutz durch Abdeckung oder Umhüllung.
127 = Besichtigen richtige Kennzeichnung Anlage oder Betriebsmittel entspr. den Errichtungsnormen.
128 = Besichtigen Berührungsschutz.
005 = Instandsetzen (Schäden, Mängel).
010 = Isolationswiderstandsmessung (1× pro Jahr).
014 = Niederohmige Messung (1× pro Jahr).
012 = Schleifenwiderstandsmessung (alle 2 Jahre).

	Firma: Maier & Co KG
INSTANDHALTUNG ELEKTRISCHER ANLAGEN	Blatt: 25
Anlage: Förderanlage mit Schaltschrank und automatischer Steuerung, 400 V Drehstrom, 50 Hz,	

Termin-Plan

1993											
J	F	M	A	M	J	J	A	S	O	N	D
●						●					

1994											
J	F	M	A	M	J	J	A	S	O	N	D
●						●					

1995											
J	F	M	A	M	J	J	A	S	O	N	D
●					●						

Erledigt:		Erledigt:		Erledigt:	
Datum:	Name:	Datum:	Name:	Datum:	Name:
2.1.93	F. Müller				
3.7.93	F. Müller				

Beschreibung:
TN- Netz, Motorenliste nach Bild 6.9

INSTANDHALTETÄTIGKEITEN CODIERUNG

052 053	Sicherheitshinweise beachten!	108 119	Schaltschrank
050 051	Instandhaltehinweise beachten!	120 124	
109 100 101 103 111 112 113 114 115 116 117 118		127 128 005 010 014 012 201 204 206 209	 1 x pro Jahr 1 x pro Jahr alle 2 Jahre

Bild 6.8: Instandhalteplanung Förderanlage mit Schaltschrank.

Stromkreis	Motor	Antriebe:	kW	Anlauf Y/Δ	Anlauf direkt	I_N* Amp.	Schutz-organ Amp.	Quer-schnitt mm² Cu
1	M 1	Überhebe - Elevator	15	●		32	50	10
2	M 2	Verteilförderer 1	7,5	●		17	25	4
3	M 3	Doppel - Elevator	18,5	●		39	50	10
4	M 4	Querförderer	4	●		9	16	2,5
5	M 5	Annahmeförderer	5,5	●		12,5	20	2,5
6	M 6	Verteilförderer 2	11	●		22,5	35	6
7	M 7	Entnahmeförderer	11	●		22,5	35	6
8	M 8	Förderauslaufschieber 1	0,37		●	1,2	16	2,5
9	M 9	Förderauslaufschieber 2	0,37		●	1,2	16	2,5
10	M10	Aspirationsschnecke	1,5		●	3,7	16	2,5

* Bei Stern-/Dreieck-Antrieb thermische Auslösung $I_N \cdot 0{,}58$ einstellen

Bild 6.9: Motorenliste Förderanlage Fa. Maier & Co. KG.

201 = Erproben Anlage und Betriebsmittel, Schutz- und Hilfsmittel (funktionell und sicherheitstechnisch).

204 = Erproben Schutzrelais, Not-Aus-Einrichtungen, Sicherheitseinrichtungen, Verriegelungen.

206 = Erproben Melde- und Anzeigeeinrichtungen, Meldeleuchten etc.

209 = Erproben Gesamtanlage, Betriebszustand wieder herstellen

Abschalten der Anlage. Sicherheitsregeln nach Bild 8.3 und 8.4 beachten!

Erledigung der Instandhaltung (Inspektion, Wartung und Instandsetzung)
1993: 3. 7. 93 F. Müller (Elektrofachkraft).

Die Motorenliste Bild 6.9 beeinhaltet sämtliche Antriebe M1 bis M10 mit Angabe der Motorleistungen, I_N thermische Auslösungen, Stromstärke, Schutzorgane und Leitungsquerschnitte.

Die Benutzung von Stromlaufbildern ist bei Inspektion und Wartung zu empfehlen.

Die Meßergebnisse der letzten Messungen 010, 014 und 012 sind im Meßprotokoll, Bild 6.10 eingetragen.

Meßprotokoll ■ Mangel ☐ kein Mangel

Förderanlage mit Schaltschrank und automatischer Steuerung,
400 Volt Drehstrom, 50 Hz, TN-Netz
Firma MAIER & Co KG

Nr.	Messung:	$R_{iso.}$ MΩ (1)	$R_{iso.}$ MΩ (2)	R_d Ω (3)	R_A Ω (4)	Z_s Ω (5)	U_F Volt (6)	I_k Amp. (7)	8
1	Stromkreis 1, Motor 1	1,0	1,0	0,1		0,35			
2	" 2 " 2	1,0	1,0	0,1		0,5			
3	" 3 " 3	1,0	1,0	0,1		0,4			
4	" 4 " 4	1,0	1,1	0,1		1,0			
5	" 5 " 5	0,9	1,0	0,1		0,9			
6	" 6 " 6	1,0	1,0	0,1		0,45			
7	" 7 " 7	1,0	0,9	0,1		0,5			
8	" 8 " 8	0,9	1,0	0,1		0,5			
9	" 9 " 9	0,9	1,0	0,1		0,8			
10	" 10 " 10	1,0	0,9	0,1		0,7			

Bemerkungen:
1) Mindestisolationswiderstand, Isolavi 12
2) zwischen N und PE
3) Niederohmige Verbindungen, Elohmi 0413
5) Impedanz Fehlerschleife, Elavi 0100

Datum: 3.7.93 Unterschrift: F. Müller

Bild 6.10: Meßprotokoll Förderanlage Firma Maier & Co. KG.

Im Mängelbericht, Bild 6.11, sind folgende Schäden vermerkt:

M 3 Doppelelevator	227 = therm. Auslösung, 16 = defekt, 006 = Austauschen
M 8 Förderauslaufschieber	140 = Kugellager, 46 = schadhaft, 006 = Austauschen
Schaltschrank	136, 145 = Klemmen, Kontakte, 41 = lose Verbindung, 005 = Instandsetzen
Schaltschrank	214, 004 = Sammelschiene, Anschluß, 40 = locker, 005 = Instandsetzen
Steuerpult (M6)	146 = Kontrollampe, 16 = defekt, 006 = Austauschen

Terminvormerkung: Nächster Termin: Januar 1994

Mängelbericht				Codierung nach Tabelle
Anlage: Förderanlage Firma Maier & Co KG				
Betriebsmittel / Gerät:	Codierung: Schadens-Teil:	Schadens-Bild:	Instandh.-tätigkeit:	
M3 Doppelelevator	227	16	006	
M8 Förderauslaufschieber	140	46	006	
Schaltschrank	136,145	41	005	
Schaltschrank	214,004	40	005	
Steuerpult (M6)	146	16	006	

Datum:	Unterschrift:		Datum:	Unterschrift:
3.7.93	F. Müller	Mängel behoben ▶	3.7.93	F. Müller

Bild 6.11: Mängelbericht Förderanlage.

6.4 Instandhaltung einer Schotteranlage mit Schaltschrank und Steuerpult

Instandhalte-Frequenz: 1 x pro Jahr (Gesamtanlage)
jede Woche (Erproben FI-Schutz)

Bild 6.12 zeigt die Instandhalteplanung der Anlage mit Arbeitskarte und Terminplan 1993 bis 1995. Die codierten Instandhaltetätigkeiten sind aus Tabelle 1-3 (Anhang 1) wie folgt zusammengestellt:

052
053 = Sicherheitshinweise beachten!
050
051 = Instandhaltehinweise beachten!
100 = Reinigen Anlage, Betriebsmittel.
101 = Reinigen Be- und Entlüftung Schaltschrank.
103 = Schmieren, Ölen nach Anweisung Hersteller (Motoren).
108 = Besichtigen Türverschluß Schaltschrank.
109 = Besichtigen auf Staubablagerung, Verschmutzung, Beschädigung, Korrosion, Schwitzwasser.

	Firma: Maier - Schotter GmbH

INSTANDHALTUNG ELEKTRISCHER ANLAGEN	Blatt:

Anlage: Schotteranlage mit Schaltschrank und automatischer Steuerung,
5 Anlagen mit FI - Schutzschalter, 400 V Drehstrom, 50 Hz

Termin-Plan

19.93..												19.94..												19.95..											
J	F	M	A	M	J	J	A	S	O	N	D	J	F	M	A	M	J	J	A	S	O	N	D	J	F	M	A	M	J	J	A	S	O	N	D
		●												●												●									

Erledigt:		Erledigt:		Erledigt:	
Datum:	Name:	Datum:	Name:	Datum:	Name:
9.3.93	F. Müller				

Beschreibung:
TN - Netz, Motorenliste nach Bild 6.14
(Angaben über Stromlauf-, Anschluß- und Klemmenpläne)

INSTANDHALTETÄTIGKEITEN		CODIERUNG	
052		118	
053	Sicherheitshinweise beachten!	119	
050		120	
051	Instandhaltehinweise beachten!	124	
100		127	Siehe Motorenliste Bild 6.14
101	Schaltschrank	128	
103	siehe Motorenliste Bild 6.14	005	
108	Schaltschrank	002	Siehe Bild 6.13
109		010	
111		014	
112		015	
113		201	
114		204	
115		206	
116		209	
117			

Bild 6.12: Instandhalteplanung Schotteranlage mit Schaltschrank.

111 = Besichtigen Kabel, Leitungen, Isolierung auf äußere Beschädigung, Verfärbung.
112 = Besichtigen Installation, Schalter, Abzweigdosen, Abzweigkästen, Steckdosen etc. auf äußere Beschädigung.
113 = Besichtigen Anschlüsse Schutzleiter, Erdungsleiter, Erdungsanlage, Potentialausgleichleiter.
114 = Besichtigen Kabelendverschlüsse.
115 = Besichtigen Schalter und Schützkontakte auf Abbrand, Beschädigung, freie Bewegung, Kontaktdruck, Korrosion.
116 = Besichtigen nach Feuchtigkeit und Korrosion: Anlagen, Betriebsmittel, Fußboden, Decke, Wände, Kanäle.
117 = Besichtigen Sammelschienen, Anschlußschienen, Kabel, Leitungen, Klemmleisten (evtl. Schrauben nachziehen).
118 = Besichtigen Befestigungen (evtl. Schrauben nachziehen).
119 = Besichtigen Schutzvorrichtungen.
120 = Besichtigen richtige Absicherung der Schutzorgane, richtige Einstellung.
124 = Besichtigen Isolierung der aktiven Teile, Schutz durch Abdeckung oder Umhüllung.
127 = Besichtigen richtige Kennzeichnung Anlage oder Betriebsmittel entspr. den Errichtungsnormen.
128 = Besichtigen Berührungsschutz.
005 = Instandsetzen (Schäden, Mängel).
002 = Erproben, siehe Bild 6.13.
010 = Isolationswiderstandsmessung.
014 = Niederohmige Messung.
015 = FI-Schutzmessung.
201 = Erproben Anlage und Betriebsmittel, Schutz- und Hilfsmittel (funktionell und sicherheitstechnisch).
204 = Erproben Schutzrelais, Not-Aus-Einrichtungen.
206 = Erproben Melde- und Anzeigeeinrichtungen, Meldeleuchten etc.
209 = Erproben Gesamtanlage, Betriebszustand wieder herstellen

Abschalten der Anlage. Sicherheitsregeln nach Bild 8.3 und 8.4 beachten!

Erledigung der Instandhaltung (Inspektion, Wartung und Instandsetzung)
1993: 9. 3. 93 F. Müller (Elektrofachkraft).

Terminplan und Arbeitskarte, Bild 6.13, 002 Erproben der FI-Schutzschalter nach Motorenliste Bild 6.14, Frequenz: 1 Woche. Die Benutzung von Stromlaufbildern ist bei Inspektion und Wartung zu empfehlen. Die Meßergebnisse der letzten Messungen 010, 014 und 015 sind im Meßprotokoll, Bild 6.15, eingetragen.

Im Mängelbericht, Bild 6.16, sind folgende Schäden vermerkt:
Motor Nr. 3, 30 kW 005 = Anschlußkasten, 16 = defekt,
005 = Instandsetzen.

INSTANDHALTUNG ELEKTRISCHER ANLAGEN	Blatt: 1
ANLAGE: Schotteranlage FI - Schutzschalter	

Termin-Plan Frequenz: W

19 93												19......												19.....											
J	F	M	A	M	J	J	A	S	O	N	D	J	F	M	A	M	J	J	A	S	O	N	D	J	F	M	A	M	J	J	A	S	O	N	D
X X X X																																			

Beschreibung:

Erledigt:		Erledigt:		Erledigt:	
Datum:	Name:	Datum:	Name:	Datum:	Name:
2.1.93	F. Müller				
9.1.93	Fritz				
16.1.93	Becker				
23.1.93	Becker				
u.s.w.					

Arbeitskarte Nr. 1	Blatt: 1
Anlage: Schotteranlage FI - Schutzschalter	Frequenz: W

	Instandhaltetätigkeiten:		
002	5 Stück FI - Schutzschalter Erproben Betätigen der Prüfeinrichtung nach VDE 0100 Siehe auch Motorenliste Bild 6.14		

Bild 6.13: Terminplan und Arbeitskarte für Erprobung Prüfeinrichtungen. FI-Schutz.

Motor Nr. 3, 30 kW	130 = Installation, 46 = schadhaft,
	005 = Instandsetzen.
Motor Nr. 5, 15 kW	099 = Gehäuse, 40 = locker, 005 = Instandsetzen.
Schaltschrank	214 = Sammelschiene, 41 = lose Verbindung.
	005 = Instandsetzen.
Schaltschrank	120, 031 = Hauptschalter, Bezeichnungsschilder,
	23 = fehlt, 005 = Instandsetzen.

Terminvormerkung: Nächster Termin: März 1994

Stromkreis	Motorenliste Schotteranlage Firma MAIER - Schotter GmbH						
	Antriebe:	kW	I_N Amp. 1)	Schutz-organ Amp.	Quersch. mm² Cu	FI - Schutz Amp.	$I_{\Delta N}$ 2) mA
1	Prallmühle	74	140	160	70	160	30
2	Brechanlage	37	72	80	25	100	30
3	Panzerkettenf.-Band	30	58	63	16	100	30
4	Förderband 1	15	30	35	10	63	30
5	Förderband 2	15	30	35	10	63	30

Netzspannung 400 Volt Drehstrom, 50 Hz, TN - Netz
1) Motoren mit Stern/Dreieckanlauf, thermische Auslösung I_N x 0,58 einstellen
2) Nennfehlerstrom des FI - Schalters

Bild 6.14: Motorenliste Schotteranlage.

Meßprotokoll				■ Mangel		☐ kein Mangel			
Schotteranlage mit Schaltschrank, 400 Volt Drehstrom, 50 Hz, TN - Netz, FI - Schutz Firma MAIER-Schotter GmbH									
Nr.	Messung:	$R_{iso.}$ 1 MΩ	$R_{iso.}$ 2 MΩ	R_d 3 Ω	R_A 4 Ω	Z_s 5 Ω	U_F 6 Volt	I_k 7 Amp.	8
1	Motor 74 kW	1,0 ☐	1,0 ☐	0,3 ☐	☐	☐	5,0 ☐	☐	☐
2	" 37 kW	1,0 ☐	1,0 ☐	0,3 ☐	☐	☐	6,0 ☐	☐	☐
3	" 30 kW	1,0 ☐	1,0 ☐	0,3 ☐	☐	☐	5,0 ☐	☐	☐
4	" 15 kW	1,0 ☐	1,0 ☐	0,2 ☐	☐	☐	7,0 ☐	☐	☐
5	" 15 kW	1,0 ☐	1,0 ☐	0,2 ☐	☐	☐	5,0 ☐	☐	☐
Bemerkungen: 1) Mindestisolationswiderstand, Isolavi 12 2) zwischen N und PE 3) Niederohmige Verbindungen, Elohmi 0413 6) FI-Schütz, Elavi 0100 $I_{\Delta N}$ = 30 mA									
Datum: 9. 3. 93	Unterschrift: F. Müller								

Bild 6.15: Meßprotokoll Schotteranlage.

Mängelbericht	Codierung nach Tabelle			
Anlage:				
Betriebsmittel / Gerät:	Codierung: Schadens-Teil:	Schadens-Bild:	Instandh.-tätigkeit:	
Motor Nr. 3, 30 kW	005	16	005	
Motor Nr. 3, 30 kW	130	46	005	
Motor Nr. 5, 15 kW	099	40	005	
Schaltschrank	214	41	005	
Schaltschrank	120,031	23	005	

Datum:	Unterschrift:		Datum:	Unterschrift:
9.3.93	F. Müller	Mängel behoben ▶	9.3.93	F. Müller

Bild 6.16: Mängelbericht Schotteranlage.

6.5 Instandhaltung einer Notstromanlage mit Generator, 25 kVA

Instandhalte-Frequenz: alle 6 Monate

Bild 6.17 zeigt die Instandhalteplanung vorgenannter Anlage mit Arbeitskarte Nr. 17 und Terminplan 1993 bis 1995.
Die codierten Instandhaltetätigkeiten sind aus Tabelle 1-3 (Anhang 1) wie folgt zusammengestellt:

052
053 = Sicherheitshinweise beachten!
050
051 = Instandhaltehinweise beachten!
109 = Besichtigen auf Staubablagerung, Verschmutzung, Beschädigung, Korrosion, Schwitzwasser.
100 = Reinigen Anlage, Betriebsmittel.
101 = Reinigen Be- und Entlüftung.
103 = Schmieren, Ölen, nach Anweisung Hersteller.
111 = Besichtigen Kabel, Leitungen, Isolierung auf äußere Beschädigung, Verfärbung.
113 = Besichtigen Anschlüsse Schutzleiter, Erdungsleiter, Erdungsanlage, Potentialausgleichleiter.
114 = Besichtigen Kabelendverschlüsse.
118 = Besichtigen Befestigungen (evtl. Schrauben nachziehen).
119 = Besichtigen Schutzvorrichtungen.
004 = Reinigen Wicklungen, wenn notwendig.
010 = Isolationswiderstandsmessung.
014 = Niederohmige Messung.
201 = Erproben Anlage und Betriebsmittel, Schutz- und Hilfsmittel (funktionell und sicherheitstechnisch).
002 = Erproben: Lager abhören.

Abschalten der Anlage. Sicherheitsregeln Bild 8.3 und 8.4 beachten!

Erledigung der Instandhaltung (Inspektion, Wartung und Instandsetzung)
1993: 4. 7. 93 F. Müller (Elektrofachkraft). Meßergebnisse 010 und 014 Eintragung Meßprotokoll Bild 6.18
Im Mängelbericht, Bild 6.19, ist folgender Schaden vermerkt:
Generator 25 kVA 252 = Wicklung, 73 = verschmutzt, 004 = Reinigen

Terminvormerkung: Nächster Termin: Januar 1994

	Firma: Maier & Co KG

INSTANDHALTUNG ELEKTRISCHER ANLAGEN — Blatt: 17

Anlage: Notstromanlage 25 kVA

Termin-Plan

19 93												19 94												19 95											
J	F	M	A	M	J	J	A	S	O	N	D	J	F	M	A	M	J	J	A	S	O	N	D	J	F	M	A	M	J	J	A	S	O	N	D
●						●						●						●						●						●					

Erledigt:		Erledigt:		Erledigt:	
Datum:	Name:	Datum:	Name:	Datum:	Name:
3.1.93	F. Müller				
4.7.93	F. Müller				

Beschreibung:

Selbstregelnder Generator, Fabrikat A. van Kaick, 400 Volt Stern, DB, 34/25 - 4, 25 kVA, 1500 Upm., 20,5/18 Volt, cos.-phi 0,8

INSTANDHALTETÄTIGKEITEN CODIERUNG

052		118	
053	Sicherheitshinweise beachten!	119	
050		004	Wicklungen evtl. reinigen
051	Instandhaltehinweise beachten!	010	
109		014	
100		201	
101		002	Lager abhören
103			
111			
113			
114			

Bild 6.17: Instandhalteplanung Notstromanlage 25 kVA.

Meßprotokoll ▮ Mangel ▯ kein Mangel

Notstromanlage 25 kVA
Firma MAIER & Co KG

Nr.	Messung:	$R_{iso.}$ MΩ 1	$R_{iso.}$ MΩ 2	R_d Ω 3	R_A Ω 4	Z_s Ω 5	U_F Volt 6	I_k Amp. 7	8
1	Isolationswiderstand	1,0 ▯	1,0 ▯	▯	▯	▯	▯	▯	▯
2	Niederohmige Verb.	▯	▯	0,1 ▯	▯	▯	▯	▯	▯
		▯	▯	▯	▯	▯	▯	▯	▯
		▯	▯	▯	▯	▯	▯	▯	▯
		▯	▯	▯	▯	▯	▯	▯	▯
		▯	▯	▯	▯	▯	▯	▯	▯
		▯	▯	▯	▯	▯	▯	▯	▯
		▯	▯	▯	▯	▯	▯	▯	▯
		▯	▯	▯	▯	▯	▯	▯	▯
		▯	▯	▯	▯	▯	▯	▯	▯

Bemerkungen:
1) Mindestisolationswiderstand, Isolavi 12
2) zwischen N und PE
3) Niederohmige Verbindung, Elohmi 0413

Datum: 4.7.94	Unterschrift: F. Müller	

Bild 6.18: Meßprotokoll Notstromanlage 25 kVA.

Mängelbericht	Codierung nach Tabelle			
Anlage: **Notstromanlage 25 kVA Firma Maier & Co KG**				
Betriebsmittel / Gerät:	Codierung: Schadens-Teil:	Schadens-Bild:	Instandh.-tätigkeit:	
Generator 25 kVA	252	73	004	

Datum:	Unterschrift:	Mängel behoben ▶	Datum:	Unterschrift:
4.7.93	F. Müller		4.7.93	F. Müller

Bild 6.19: Mängelbericht Notstromanlage 25 kVA

6.6 Instandhaltung einer Notstrombatterie, 60 V

Instandhalte-Frequenz: 1 x pro Monat

Bild 6.20 zeigt den Instandhalte-Teminplan vorgenannter Anlage. Die Instandhaltetätigkeiten nach Arbeitskarte Nr. 18 zeigt Bild 6.21. Bei Bedarf Mängelbericht nach Formular Nr. 5, Anhang 2, verwenden.
Die Arbeitskarte, Bild 6.21, enthält unter Instandhaltetätigkeiten keine Standardbegriffe, sondern der Text wurde den Inspektions- und Wartungsvorschriften des Batterie-Herstellers angepaßt. Die Verwendung von codierbaren Standardbegriffen ist ebenfalls möglich.

INSTANDHALTUNG ELEKTRISCHER ANLAGEN	Blatt:
ANLAGE: Notstrombatterie 60 Volt Arbeitskarte Nr. 18 Firma Maier & Co KG	
Termin-Plan Frequenz: M	

19 93												19 94												19 95											
J	F	M	A	M	J	J	A	S	O	N	D	J	F	M	A	M	J	J	A	S	O	N	D	J	F	M	A	M	J	J	A	S	O	N	D
X	X	X	X	X	X	X	X	X	X	X	X																								

Beschreibung:
Siehe Arbeitskarte Nr. 18 Bild 6.21

Erledigt:		Erledigt:		Erledigt:	
Datum:	Name:	Datum:	Name:	Datum:	Name:
5.1.93	Müller	2.2.93	Müller	3.3.93	Müller
1.4.93	Müller	4.5.93	Müller	1.6.93	Müller
1.7.93	Müller	3.8.93	Müller	1.9.93	Müller
2.10.93	Müller	2.11.93	Müller	4.12.93	Müller

Bild 6.20: Terminplan Instandhaltung Notstrombatterie 60 Volt.

Arbeitskarte Nr. 18	Blatt:
Anlage: Notstrombatterie 60 Volt Firma Maier & Co	

Pos.	Instandhaltetätigkeiten:	Frequenz	
	Ortsfeste Bleibatterie mit positiven Panzerplatten, Fabrikat VARTA, 6o Volt, 280 Ah, 30 Zellen, 7/OPzS 280, A-Nr. K 79 547, Behandlungsvorschrift der Fa. VARTA beachten!		
	Besichtigen: 001	M	
1.	Verschmutzung, Beschädigung, Feuchtigkeit, Korrosion,		
2.	außergewöhnl. Temperaturanstieg,		
3.	Säurestand,		
4.	Ladevorgang (Gasen der Zellen),		
5.	Kurzschlüsse,		
6.	Verunreinigung der Säure,		
7.	Verunreinigungen an Batterieoberflächen, Verbindern,		
8.	Verbinder und Kabelanschlüsse, Evtl. Schrauben und Klemmen nachziehen, Polklemmen einfetten,		
9.	Reinigen 004	M	
	Messen: 003	M	
10.	Zellenspannung,		
11.	Säuredichte (1,21)		
12.	Wenn notwendig, Batterie nachladen!		

• Sicherheitsregeln Bild 8.3 und 8.4 beachten!

Bild 6.21: Arbeitskarte Instandhaltung Notstrombatterie 60 Volt (siehe auch Formular Nr. 3, Anhang 2)

Der Terminplan (Bild 6.20) kann bei Änderung der Jahreszahl 1993, 1994, 1995 usw.) mehrere Jahre benutzt werden. Es sind ausreichend Spalten für Unterschriften vorhanden (siehe Formular Nr. 2, Anhang 2).

6.7 Planungsbeispiel von ortsveränderlichen Betriebsmitteln der Schutzklasse I, II u. III

Instandhalte-Frequenz: alle 6 Monate

Bild 6.22 zeigt den Instandhalte-Terminplan für vorgenannte Betriebsmittel nebst Beschreibung.
Die Instandhaltetätigkeiten sind auf der Arbeitskarte Nr. 32 Bild 6.23, zusammengestellt.
Bei Bedarf kann die Betriebsmittelliste Anhang 2, Formular Nr. 10 nach Beispiel Bild 4.4 benutzt werden.

Mängelbericht nach Formular Nr. 5, Anhang 2.

Sämtliche Betriebsmittel erhalten nach erfolgreicher Prüfung eine Klebeplakette, welche auf den nächsten Prüftermin hinweist.

INSTANDHALTUNG ELEKTRISCHER ANLAGEN — Blatt:

ANLAGE:
Inspektion und Wartung elektrischer Betriebsmittel
der Schutzklasse I, II und III
Nach Arbeitskarte Nr. 32

Termin-Plan — **Frequenz: 6 M**

19 93												19 94												19 95											
J	F	M	A	M	J	J	A	S	O	N	D	J	F	M	A	M	J	J	A	S	O	N	D	J	F	M	A	M	J	J	A	S	O	N	D
		●						●						●						●						●						●			

Beschreibung:
Nach Betriebsmittelliste Anhang 2, Formular Nr. 10 und
Mängelbericht Anhang 2, Formular Nr. 5

Erledigt:		Erledigt:		Erledigt:	
Datum:	Name:	Datum:	Name:	Datum:	Name:
16.3.93	K. Müller				
10.9.93	Müller				

Bild 6.22: Terminplan für Instandhaltung Betriebsmittel Schutzklasse I, II und III

Arbeitskarte Nr. 32		Blatt: 1 - 2	
Anlage: Inspektion und Wartung elektrischer Betriebsmittel der Schutzklasse I , II und III			
	Instandhaltetätigkeiten:		
	Sicherheitshinweise: 052, 053		
	Instandhaltehinweise: 050, 051		
109	Besichtigen auf Staubablagerung, Verschmutzung, Beschädigung, Korrosion, Schwitzwasser		
100	Reinigen Anlage, Betriebsmittel		
123	Besichtigen Schutzart		
135	Besichtigen Betriebsmittel auf äußerlich erkennbare Schäden		
136	Besichtigen Anschlußleitung einschl. Steckerverbindungen		
137	Besichtigen Zugentlastung Kabel oder Leitung, Biege- und Knickschutz		
138	Besichtigen Gehäuse		
139	Besichtigen Isolierteile		
146	Besichtigen Betriebsmittel auf Überlastung und unsachgemäßen Gebrauch		
147	Besichtigen Betriebsmittel auf unzulässige Eingriffe und Änderungen		
148	Besichtigen Schalter, Stellteile, Betätigungseinrichtungen etc.		
149	Besichtigen Schutzklasse, Gerät, Anschlußleitung, Stecker etc.		
150	Besichtigen Bestückung Bauteile		
151	Besichtigen Sicherheitseinrichtungen		
027	Niederohmige Messung bei Bewegung der Leitung		
010	Isolationswiderstandsmessung -2-		

Bild 6.23: Arbeitskarte für Instandhaltung elektrischer Betriebsmittel

Arbeitskarte Nr. 32	Blatt: 2-2
Anlage: Inspektion und Wartung elektrischer Betriebsmittel der Schutzklasse I, II, und III	

	Instandhaltetätigkeiten:		
029	Isolationswiderstandsmessung Betriebsstromkreis gegen berührbare Metallteile		
031	Ersatz - Ableitstrommessung Betriebsmittel		
017	Spannungsmessung		
005	Instandsetzen (Schäden, Mängel)		
201	Erproben Anlage und Betriebsmittel, Schutz- und Hilfsmittel, (funktionell und sicherheitstechnisch)		
209	Erproben Gesamtanlage, Betriebszustand wieder herstellen		

Betriebsmittel der Schutzklasse:	I	II	III
Messen des Schutzleiterwiderstandes	bis 5 m: ≤ 0,3 Ohm je weitere 5 m: ≤ 0,1 Ohm	—	—
Messen des Isolationswiderstandes	≥ 1 M-Ohm mit Heizelementen ≥ 0,25 M-Ohm	≥ 2 M-Ohm	≥ 0,25 M-Ohm
Messen des Ableitstromes	—	≤ 0,5 mA falls erforderlich	—
Messen der Kleinspannung	berührbare Teile ≤ 25 V AC oder 60 V DC DC = Gleichspannung AC = Wechselspannung		—

● Elektrische Betriebsmittel, die unter diese Sicherheitsregeln fallen, sind ortsfeste oder ortsveränderliche verwendungsfertige Geräte und Maschinen, mit denen elektrische Energie genutzt oder übertragen wird.

Zu Bild 6.23

6.8 Instandhaltung eines Drehstrom-Schleifringläufer-Motors, 500 kW, 6000 V

Instandhalte-Frequenzen: 1× pro Monat **x**
1× pro Jahr ●

Bild 6.24 zeigt die Schnittzeichnung des Motors und gehört zur Arbeitskarte Nr. 26 (Bild 6.25). Bild 6.26 zeigt den Instandhalte-Terminplan für vorgenannten Motor. Die Arbeitskarte Nr. 26, Bild 6.25, beinhaltet die monatlichen und jährlichen Instandhaltetätigkeiten incl. Kohlebürstenaustausch bei Bedarf.

Im Mängelbericht, Bild 6.27, wurde am 13. 3. 93 folgender Kohlebürsten-Austausch eingetragen:
DSL-Motor 500 kW, 6000 Volt, 033 = Bürsten, 02 = abgenutzt,
006 = Austauschen
Der Austausch wurde am 14. 3. 93 durchgeführt.

Die Arbeitskarte Nr. 26 – Bild 6.25 – beschreibt die Instandhaltetätigkeiten in folgenden Bereichen:
- Schleifringe,
- Kohlebürsten,
- Bürstenhalter,
- Durchführungsklemmen,
- Klemmen und
- Wälzlager.

Weitere Instandhaltetätigkeiten sind der Wartungsanleitung des Herstellers Code-Nr. 050 zu entnehmen.

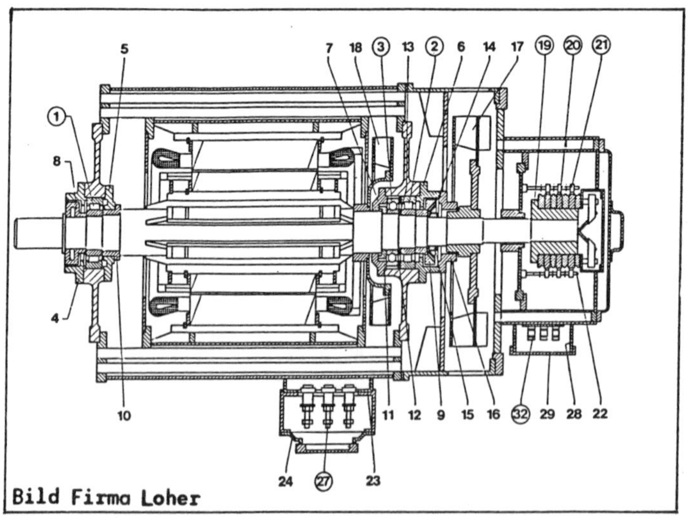

Bild 6.24: Schnittzeichnung Drehstrom-Schleifringläufer-Motor 500 kW, 6000 Volt, 50 Hz. Erläuterung der Positionen siehe Bild 7.1.

Arbeitskarte Nr. 26		Blatt:	
Anlage: Drehstrom-Schleifringläufer-Motor 500 kW, 6000 Volt, 50 Hz.			
Pos.	**Instandhaltetätigkeiten:**	**Frequenz**	
1.	<u>001 Besichtigen:</u>		
	auf Abnutzung und einwandfreie Funktion, Schleifringe (Pos.19) Kohlebürsten (Pos. 20)* Bürstenhalter (Pos. 21)	M	
	auf festen Sitz, Durchführungsklemmen (Pos. 27) Klemmen (Pos. 32)	M	
	auf Geräusche und Temperatur, Wälzlager (Pos. 1, 2 und 3)	M	
2.	<u>004 Reinigen:</u> Motor kompl.		
	Wälzlager (Pos. 1, 2 und 3)	J	
3.	<u>103 Schmieren:</u> Wälzlager (Pos. 1, 2 und 3)	J	
	050 nach Wartungsanleitung Hersteller		
	* Bei Bedarf Kohlebürstenaustausch (siehe Mängelbericht) Kohlebürsten Art.-Nr. 23 636		
	Siehe Bild 6.26		
• Sicherheitsregeln Bild 8.3 und 8.4 beachten!			

Bild 6.25: Arbeitskarte für Instandhalteplanung Drehstrom-Schleifringläufer-Motor 500 kW, 6000 Volt, 50 Hz.

INSTANDHALTUNG ELEKTRISCHER ANLAGEN	Blatt:

ANLAGE:

Drehstrom-Schleifringläufer-Motor
500 kW, 6000 Volt, 50 Hz

Firma Maier & Co KG

Frequenz:
X M
● J

Termin-Plan

19 93												19 94												19 95											
J	F	M	A	M	J	J	A	S	O	N	D	J	F	M	A	M	J	J	A	S	O	N	D	J	F	M	A	M	J	J	A	S	O	N	D
		●																																	
X	X	X	X	X	X	X	X	X	X	X	X																								

Beschreibung:

Nach Arbeitskarte Nr. 26, Bild 6.25
Schnittzeichnung Bild 6.24

Erledigt:		Erledigt:		Erledigt:	
Datum:	Name:	Datum:	Name:	Datum:	Name:
9.1.93	Müller	10.2.93	Müller	13.3.93	Müller
10.4.93	Müller	12.5.93	Müller	12.6.93	Müller
15.3.93	Müller	10.7.93	Müller	17.8.93	Müller
18.9.93	Müller	14.10.93	Müller	11.11.93	Müller
16.12.93	Müller				

Bild 6.26: Terminplan für Instandhaltung Drehstrom-Schleifringläufer-Motor 500 kW, 6000 Volt, 50 Hz

Mängelbericht	Codierung nach Tabelle

Anlage:
Drehstrom-Schleifringläufer-Motor 500 kW, 6000 Volt, 50 Hz
Abt. XY

Betriebsmittel / Gerät:	Codierung: Schadens-Teil:	Schadens-Bild:	Instandh.-tätigkeit:	
DSL-Motor 500 kW, 6000 Volt	033	02	006	

Datum:	Unterschrift:		Datum:	Unterschrift:
13.3.93	Müller	Mängel behoben ▶	14.3.93	Müller

Bild 6.27: Mängelbericht Drehstrom-Schleifringläufer-Motor 500 kW, 6000 Volt.

6.9 Instandhaltung Elektroniksteuerung und Elektronikregelung

Instandhalte-Frequenz: 6 Monate

Bild 6.28 zeigt den Instandhalte-Terminplan nebst Arbeitskarte für vorgenannte Elektronik-Anlagen.
Die codierten Instandhaltetätigkeiten sind aus Tabelle 1-3, Anhang 1 wie folgt zusammengestellt:

052
053 = Sicherheitshinweise beachten!
050
051 = Instandhaltehinweise beachten!
109 = Besichtigen auf Staubablagerung, Verschmutzung, Beschädigung, Korrosion, Schwitzwasser.
106 = Besichtigen Verschluß (Steuerschrank).
100 = Reinigen Anlage, Betriebsmittel.
101 = Reinigen der Be- und Entlüftung.
111 = Besichtigen von Kabel, Leitungen, Isolierung auf äußere Beschädigung, Verfärbung.
125 = Besichtigen Überwachungseinrichtungen, richtige Einstellung.
003 = Messen.
102 = Justieren, Ein- und Nachstellen.
002 = Erproben Elektronik.

Sicherheitsregeln nach Bild 8.3 und 8.4 beachten!

Erledigung der Instandhaltung (Inspektion, Wartung und Instandsetzung), letzte Eintragung: 9. 10. 93 K. Maier (Elektrofachkraft).
Ausführung der Arbeiten mit Schaltunterlagen und Beschreibungen.

Im Mängelbericht, Bild 6.29, sind folgende Schäden vermerkt:

Temperatur-Regelung:	193 = Platine, 06 = ausgelötet.
	005 = Instandsetzen.
Transport-Steuerung:	166 = Modul, 16 = defekt.
	006 = Austauschen.
Temperatur-Regelung:	085 = Fühler, 46 = schadhaft.
	006 = Austauschen.
Transport-Steuerung:	251 = Widerstand, 45 = oxydiert.
	004 = Reinigen.

Terminvormerkung: Nächster Termin: April 1994

	Firma: Maier & Co KG

INSTANDHALTUNG ELEKTRISCHER ANLAGEN	Blatt: 6
Anlage: Elektronische Steuerung, elektronische Regelung	

Termin-Plan

19.93.												19.94.												19.95.											
J	F	M	A	M	J	J	A	S	O	N	D	J	F	M	A	M	J	J	A	S	O	N	D	J	F	M	A	M	J	J	A	S	O	N	D
			●						●						●						●						●						●		

Erledigt:		Erledigt:		Erledigt:	
Datum:	Name:	Datum:	Name:	Datum:	Name:
14.4.93	K. Maier				
9.10.93	K. Maier				

Beschreibung:
Industrie - Elektronik für Fertigungsanlage XYZ
Fabrikat:.............Type:................
Nach Schaltunterlagen und Beschreibungen......................

INSTANDHALTETÄTIGKEITEN		CODIERUNG	
052 053 050 051 109 106 100 101	Sicherheitshinweise beachten! Instandhaltehinweise beachten!	111 125 003 102 002	Elektronik

Bild 6.28: Terminplan mit Arbeitskarte für Instandhalteplanung, elektronische Steuerung und Regelung.

Mängelbericht	Codierung nach Tabelle			
Anlage: **Elektronische Steuerung, elektronische Regelung Fertigungsanlage XYZ**				
Betriebsmittel / Gerät:	Codierung: Schadens-Teil:	Schadens-Bild:	Instandh.-tätigkeit:	
Temperatur - Regelung	193	06	005	
Transport - Steuerung	166	16	006	
Temperatur - Regelung	085	46	006	
Transport - Steuerung	251	45	004	

Datum:	Unterschrift:	Mängel behoben ▶	Datum:	Unterschrift:
9.10.93	K. Maier		9.10.93	K. Maier

Bild 6.29: Mängelbericht für Elektroniksteuerung und Regelung.

6.10 Instandhaltung ölarmer Leistungsschalter 20 kV, 20 N, Type OD 3, 500 MVA Abschaltleistung

Instandhalte-Frequenz: 2 Jahre
Ablesung Zählwerk und Ölstandskontrolle: 3 Monate

Bild 6.30 zeigt den Instandhalte-Terminplan mit Arbeitskarten für den vorgenannten Mittelspannungsschalter. Die codierten Instandhaltetätigkeiten sind aus Tabelle 1-3 (Anhang1) wie folgt entnommen:

008 = Inspektion, 009 = Wartung, 005 = Instandsetzen:
Frequenz: 2 Jahre
Reinigen Schalter,
Schalteröl austauschen,
Kontakt- und Löschsystem,
Schalterantrieb.
Ausführung nach Arbeitskarten Nr. 1-5
(siehe Bilder 6.31, 6.32 und 6.33)

001 = Besichtigen (Frequenz: 3 Monate)
x Zählwerk ablesen, x Ölstand an Ölstandsanzeigern,
Anzahl Einschaltungen (Zählwerk) März 1992 bis Dezember 1993
= 34 Einschaltungen
(Stand März 1992 = 87 Einschaltungen, Dezember 1993 = 121)

Im Juli 1993 hatte der Schalter eine Kurzschluß-Abschaltung (Eintragung 23. 7. 1993).
Bei sechs Kurzschluß-Abschaltungen muß Wartungsintervall vorgezogen werden!

Terminvormerkung Instandhaltung:
Nächster Termin: Januar 1996 (wenn keine Kurzschluß-Abschaltungen zu verzeichnen sind).
Die Bilder 6.31, 6.32 und 6.33 zeigen einen Auszug aus der Inspektions- und Wartungsanleitung vorgenannten Leistungsschalters. Diese Anweisungen lassen sich problemlos auf Arbeitskarten übertragen.

	Firma: Maier & Co KG

INSTANDHALTUNG ELEKTRISCHER ANLAGEN	Blatt: 1

Anlage: Ölarmer Leistungsschalter 20 kV, 20 N, Fabrikat Calor Emag, Type OD 3, 500 MVA

Termin-Plan

19 92											
J	F	M	A	M	J	J	A	S	O	N	D
		87			93			96			101
O		X			X			X			X

19 93											
J	F	M	A	M	J	J	A	S	O	N	D
		104			110			115			121
		X			X	●		X			X

19 94											
J	F	M	A	M	J	J	A	S	O	N	D
		X			X			X			X

Erledigt:		Erledigt:		Erledigt:	
Datum:	Name:	Datum:	Name:	Datum:	Name:
O 7.1.92	K. Becker			O	
X 25.3.92	K. Becker	X 20.3.93	K. Becker	X	
X 16.6.92	K. Becker	X 9.6.93	F. Müller	X	
X 15.9.92	K. Becker	X 21.9.93	K. Becker	X	
X 17.12.92	K. Becker	X 11.12.93	F. Müller	X	
		● 23.7.93	F. Müller		

Beschreibung:

Nach Arbeitskarten Nr. 1 – 5 (siehe Auszug Bild 6.31, 6.32 und 6.33)

INSTANDHALTETÄTIGKEITEN		CODIERUNG	
052 053 050 051 008 009 005 001 004 001	Sicherheitshinweise beachten! Instandhaltehinweise beachten! Schalteröl austauschen, Kontakt- und Löschsystem, Schalterantrieb X Ablesung Zählwerk und Prüfung Ölstandsanzeige	001	● Eintragung Kurzschlußausschaltung Inspektion und Wartung nach 6 Ausschaltungen O Inspektion, Wartung und Instandsetzung für das Kontakt- und Löschsystem, Schalterantrieb

Bild 6.30: Terminplan mit Instandhalteplanung für ölarmen Leistungsschalter 20 kV, 20 N, 500 MVA.

Arbeitskarte Nr. 2		Blatt: 3	
Anlage: Oelarmer Leistungsschalter 20 kV, 20 N, OD 3, Fabrikat Calor-Emag		Nach Wartungs- anleitung BA 197 / 7 - 3	
Pos.	Instandhaltetätigkeiten:	Frequenz	
3.	<u>Inspektion und Wartung des Schalter- antriebes incl. Zubehör:</u> Schalter ausschalten und den Schalter- antrieb durch Drücken und Drehen des Verriegelungsbolzens (100) um eine halbe Umdrehung nach rechts oder links gegen Einschalten blockieren. <u>Nachschmieren: 103</u> Klinken, Abstützwellen, Schneckentrieb, Gleitflächen und Drehlagerstellen so- wie den Kettentrieb bei Motoraufzug nachschmieren. Molykote Longterm 1, an schwer zugäng- lichen Stellen Molykote M 55. <u>Besichtigen: 001</u> Sitz der Sicherungselemente (z.B. Sicherungsstifte) von Kurbeln, Bolzen, Schrauben überprüfen. Sitz der Be- festigungsschrauben des Schalteran- triebes. <u>Besichtigen: 001</u> Kohlebürsten Aufzugsmotor. Für die hintere Kohlebürste Spiegel benutzen!	2 J	
• Sicherheitsregeln Bild 8.3 und 8.4 beachten!			

Bild 6.31: Auszug aus Inspektions- und Wartungsanleitung ölarmer Leistungsschalter 20 kV, 20 N, Arbeitskarte Nr. 2, Blatt 3.

Arbeitskarte Nr. 2	Blatt: 4
Anlage: Oelarmer Leistungsschalter 20 kV, 20 N, OD 3, Fabrikat Calor-Emag	Nach Wartungs- anleitung BA 197 / 7 - 3

Pos.	Instandhaltetätigkeiten:	Frequenz	
	<u>Erproben: 002</u> Einschaltblockierung des Antriebs durch Betätigen des Verriegelungs-Bolzens (100) aufheben. Funktionskontrolle der Auslöser und Hilfsschalter. Mehrere Probeschaltungen ausführen. <u>Reinigen: 004</u> Isolierteile Staubablagerungen mit trockenem Lappen abreiben. Reinigung von anderweitigen Verschmutzungen mit milden Waschmitteln, wie sie für den Hausgebrauch verwendet werden. Keine Lösungs- und Entfettungsmittel benutzen! Schalterpol-Innenteile ggf. mit sauberem Schalteroel reinigen.	2 J	
4.	<u>Einfüllen Schalteroel: 103</u> Das als Lichtbogen-Löschmittel dienende Schalteroel soll den Anforderungen VDE 0370 entsprechen. Oelmenge je Schalterpol: ca. 2,5 Liter. An jedem Schalterpol Entlüftungstopf (26) herausschrauben. Oel mit Trichter polweise bis ca. 5 mm (bei 20°C) über der unteren Marke des Oelstandanzeigers (28) einfüllen. Gegen Ende des Füllvorganges möglichst langsam eingießen.		

- Sicherheitsregeln Bild 8.3 und 8.4 beachten!

Bild 6.32: Auszug aus Inspektions- und Wartungsanleitung ölarmer Leistungsschalter 20 kV, 20 N, Arbeitskarte Nr. 2, Blatt 4.

Arbeitskarte Nr. 2		Blatt: 5	
Anlage: Oelarmer Leistungsschalter 20 kV, 20 N, Fabrikat Calor-Emag		Nach Wartungsanleitung BA 197 / 7 - 3	
Pos.	Instandhaltetätigkeiten:	Frequenz	
	Fortsetzung von Blatt 4:	2 J	
	Entlüftungstöpfe (26) wieder einschrauben.		
	Mehrere Leerschaltungen ausführen.		
	Hinweis: Bei eingeschaltetem Schalter erhöht sich der Oelstand geringfügig. Wenn der Schalter betriebsmäßig Strom führt, steigt der Oelstand infolge der Oelerwärmung.		
• Sicherheitsregeln Bild 8.3 und 8.4 beachten!			

Bild 6.33: Auszug aus Inspektions- und Wartungsanleitung ölarmer Leistungsschalter 20 kV, 20 N, Arbeitskarte Nr. 2, Blatt 5.

6.11 Jahresterminpläne für Fertigungsanlagen und Betriebsmittel

Bild 6.34 zeigt einen Gebäudeplan mit Fertigungseinrichtungen, Transformatorenstation, Verteilungen und Betriebsmittel. Für diese Fertigungsanlagen mit Stromversorgung, Beleuchtungs- und Kraftanlagen etc. ist ein Instandhalte-Jahresterminplan zu erstellen.

Die Terminplan-Zuteilung Bild 6.35 erfolgt für Anlagen und Betriebsmittel entsprechend der Instandhaltefrequenz- nach Kalenderwochen und Tag. Diese Terminplan-Zuteilung ist unabhängig vom Kalenderjahr. Die Kalenderwoche beginnt montags und endet sonntags.

Nachfolgende Strichliste zeigt die Nutzung der Kalenderwochen auf der Terminplan-Zuteilung Bild 6.35:

02 /	14 /	31 /	40 /
06 /	18 /	32 ///	45 /
07 /	23 /	33 /	49 /
10 /	24 ///	36 //	50 //////
11 //	25 ///	37 //	
12 /	27 /	38 /	

Bild 6.36 zeigt den Jahres-Terminplan für vorgenannte Anlagen und Betriebsmittel nach Kalenderwochen geordnet. Wenn der Jahres-Terminplan nach Anlagen und Betriebsmittel geordnet werden soll, kann das nach Bild 6.37 erfolgen.

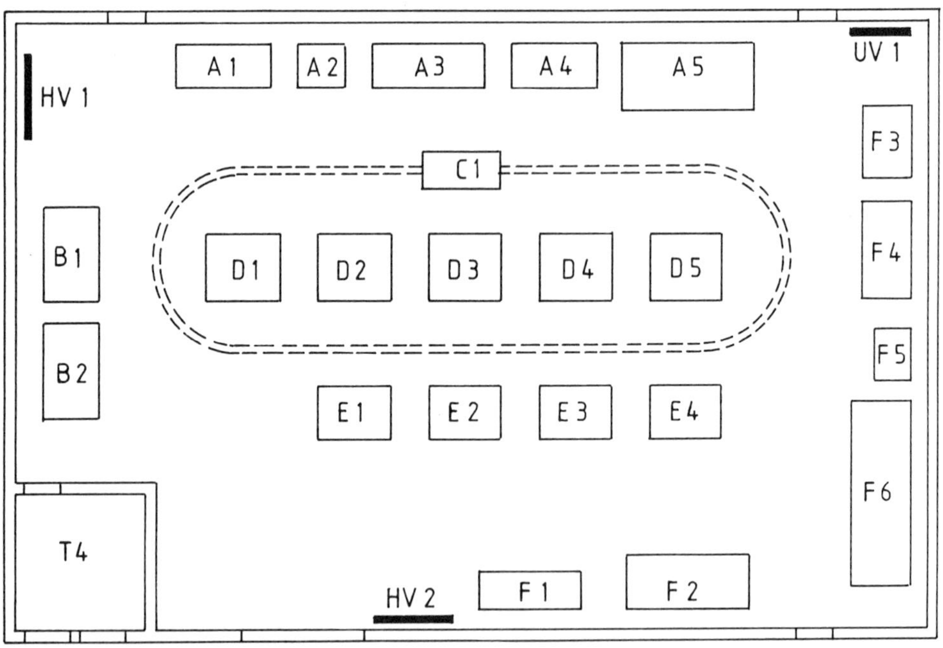

Bild 6.34: Gebäudeplan Fertigungsanlagen und Betriebsmittel.

Terminplan - Zuteilung

Firma Maier & Co KG

Instandhaltung der elektrischen Anlage Fertigungsbetrieb

Anlage: Betriebsmittel:	Code-Nr.	Frequenz	Terminplan - Zuteilung: KW / Tag
A 1 - A 5		3M	11, 24, 37, 50 Sa
B 1 - B 2		6M	25, 50 Sa
C 1		3M	11, 24, 37, 50 Sa
D 1 - D 5		M	02, 06, 10, 14, 18, 23, 27, 31, 36, 40, 45, 49 Mo
D 1 - D 5		6M	25, 50 Sa
E 1 - E 4		3M	12, 25, 38, 50 Sa
F 1 - F 6		6M	24, 50 Sa
Betriebsmittelliste		6M	07, 33 Mo
Beleuchtung		J	32 So
Kraftanlage		J	32 So
Verteilungen		J	32 So
Trafostation T 4		J	36 So

Bild 6.35: Jahres-Terminplanzuteilung für Fertigungsanlagen und Betriebsmittel.

Terminplan ______

Firma Maier & Co KG

Instandhaltung der elektrischen Anlage Fertigungsbetrieb

KW	Tag	Anlage/Betriebsmittel	Code-Nr.	Frequenz	Erledigt:	Datum :
02	Mo	D 1 - D 5		M		
06	Mo	D 1 - D 5		M		
07	Mo	Betriebsmittelliste		6M		
10	Mo	D 1 - D 5		M		
11	Sa	A 1 - A 5		3M		
11	Sa	C 1		3M		
12	Sa	E 1 - E 4		3M		
14	Mo	D 1 - D 5		M		
18	Mo	D 1 - D 5		M		
23	Mo	D 1 - D 5		M		
24	Sa	A 1 - A 5		3M		
24	Sa	C 1		3M		
24	Sa	F 1 - F 6		6M		
25	Sa	E 1 - E 4		3M		
25	Sa	B 1 - B 2		6M		
25	Sa	D 1 - D 5		6M		
27	Mo	D 1 - D 5		M		
31	Mo	D 1 - D 5		M		
32	So	Beleuchtung		J		
32	So	Kraftanlage		J		
32	So	Verteilungen		J		
33	Mo	Betriebsmittelliste		6M		
36	Mo	D 1 - D 5		M		
36	So	Trafostation T 4		J		
37	Sa	A 1 - A 5		3M		
37	Sa	C 1		3M		
38	Sa	E 1 - E 4		3M		
40	Mo	D 1 - D 5		M		
45	Mo	D 1 - D 5		M		
49	Mo	D 1 - D 5		M		
50	Sa	A 1 - A 5		3M		
50	Sa	C 1		3M		
50	Sa	F 1 - F 6		6M		
50	Sa	E 1 - E 4		3M		
50	Sa	B 1 - B 2		6M		
50	Sa	D 1 - D 5		6M		

Bild 6.36: Jahres-Terminplan für Fertigungsanlagen und Betriebsmittel nach Kalenderwochen geordnet.

Terminplan

Firma Maier & Co KG

Instandhaltung der elektrischen Anlage Fertigungsbetrieb

KW	Tag	Anlage/Betriebsmittel Code-Nr.	Frequenz	Erledigt	Datum
11	Sa	A 1 - A 5	3M		
24	Sa		3M		
37	Sa		3M		
50	Sa		3M		
25	Sa	B 1 - B 2	6M		
50	Sa		6M		
11	Sa	C 1	3M		
24	Sa		3M		
37	Sa		3M		
50	Sa		3M		
02	Mo	D 1 - D 5	M		
06	Mo		M		
10	Mo		M		
14	Mo		M		
18	Mo		M		
23	Mo		M		
27	Mo		M		
31	Mo		M		
36	Mo		M		
40	Mo		M		
45	Mo		M		
49	Mo		M		
25	Sa		6M		
50	Sa		6M		
12	Sa	E 1 - E 4	3M		
25	Sa		3M		
38	Sa		3M		
50	Sa		3M		
24	Sa	F 1 - F 6	6M		
50	Sa		6M		
07	Mo	Betriebsmittelliste	6M		
33	Mo		6M		
32	So	Beleuchtung	J		
32	So	Kraftanlage	J		
32	So	Verteilungen	J		
36	So	Trafostation T 4	J		

Bild 6.37: Jahres-Terminplan für Fertigungsanlagen und Betriebsmittel nach Anlagen und Betriebsmittel geordnet.

7 Planungsbeispiele für zustandsabhängige Instandhaltung

Inspektion – Wartung – Instandsetzung

7.1 Instandhaltung eines Drehstrom-Schleifringläufer-Motors, 1000 kW, 6000 V

Bild 7.1 zeigt die Schnittzeichnung des Motors mit Stückliste. Sicherheitsregeln Bild 8.3 und 8.4 beachten!

Bei der zustandsabhängigen Instandhaltung – Inspektion, Wartung und Instandsetzung – des vorgenannten Motors wird die Kohlebürstenabnutzung monatlich kontrolliert und in ein Meßprotokoll (Bild 7.2) eingetragen, um am Abnutzungsvorrat die Lebensdauer der Kohlebürsten erkennen zu können.
Die Warngrenze wurde bei 50% der Kohlebürstenlänge festgelegt, d.h. wenn die Kohlebürstenlänge 25 mm unterschreitet, müssen die Bürsten ausgetauscht werden.
Am 10. 8. 93 wurde die Warngrenze erreicht, und am 7. 9. 93 — einen Monat später — wurde der Austausch vorgenommen.
Bild 7.3 zeigt die Arbeitskarte für den Bürstenaustausch 006 mit Erledigungsvermerk.
Die Arbeitskarte (Bild 7.4) beinhaltet weitere Instandhaltetätigkeiten, die in Verbindung mit der Kohlebürsten-Überwachung bei Bedarf ausgeführt werden können. Es handelt sich dabei um folgende Instandhaltetätigkeiten:

001 = Besichtigen.
004 = Reinigen Schleifringe und Bürstenhalter.
100 = Reinigen Anlage, Betriebsmittel.
101 = Reinigen Be- und Entlüftung.
052, 053, 050, 051 = Sicherheitshinweise und Instandhaltehinweise beachten!

Codierung nach Tabelle 1-3, Anhang 1
Bei Bedarf kann der Mängelbericht nach Formular Nr. 5, Anhang 2, benutzt werden.

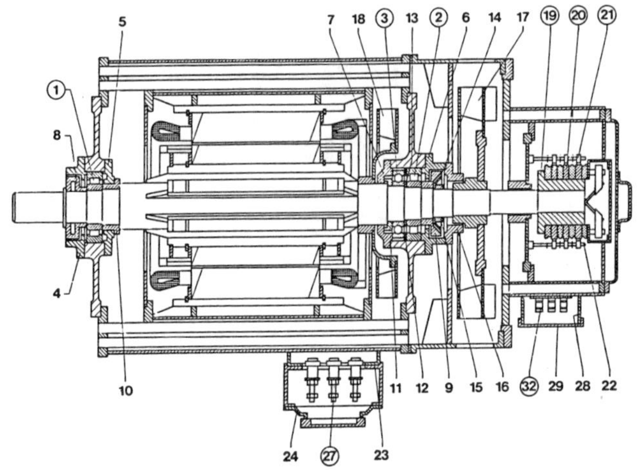

(Bild Firma Loher)

1 =	Lager AS	16 =	Labyrinthring BS außen
2 =	Lager BS	17 =	Außenlüfter
3 =	Lager BS	18 =	Innenlüfter
4 =	Fettkammerdeckel AS außen	19 =	Schleifring kompl.
5 =	Fettkammerdeckel AS innen	20 =	Bürsten
6 =	Fettkammerdeckel BS außen	21 =	Bürstenhalter
7 =	Fettkammerdeckel BS innen	22 =	Bürstenhalterbolzen
8 =	Schleuderring AS	23 =	Anschlußkasten-Unterteil
9 =	Schleuderring BS	24 =	Anschlußkasten-Deckel
10 =	Labyrinthring AS innen	27 =	Durchführungsklemme
11 =	Labyrinthring BS innen	28 =	Anschlußkasten-Unterteil
12 =	Federring	29 =	Anschlußkasten-Deckel
13 =	Druckring	32 =	Klemme kompl.
14 =	Sicherheitsblech		
15 =	Wellenmutter		

Bild 7.1: Drehstrom-Schleifringläufer-Motor 1000 kW, 6000 Volt.

Meßprotokoll	Zustandsabhängige Instandhaltung	19.93.
Anlage: **Drehstrom-Schleifringläufer-Motor 6000 Volt, 1000 kW**		Abteilung: XY

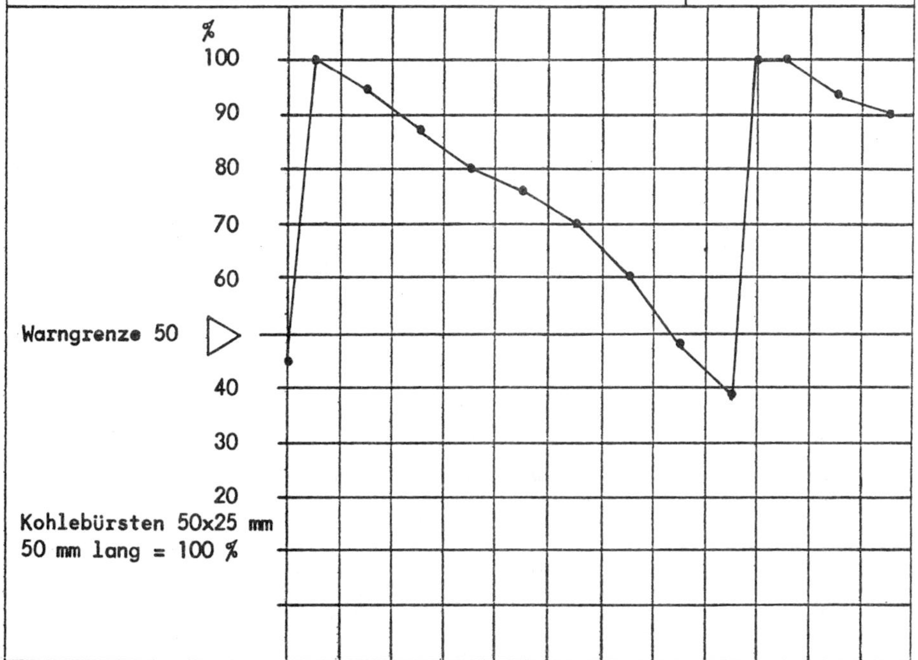

■ Mangel □ kein Mangel	■	□	□	□	□	□	□	□	■	□	□	□
Tag:	5.	9.	6.	10.	7.	9.	8.	10.	7.	5.	9.	11.
Monat:	1.	2.	3.	4.	5.	6.	7.	8.	9.	10.	11.	12.
Unterschrift:	Müller	Becker	Becker	Müller	Schneider	Becker	Schneider	Müller	Becker	Becker	Schneider	Müller

Bild 7.2: Meßprotokoll mit Terminplan.

INSTANDHALTUNG ELEKTRISCHER ANLAGEN	Blatt: 1

ANLAGE:

Drehstrom-Schleifringläufer-Motor 1000 kW, 6000 Volt

Termin-Plan

19 93												19......												19......											
J	F	M	A	M	J	J	A	S	O	N	D	J	F	M	A	M	J	J	A	S	O	N	D	J	F	M	A	M	J	J	A	S	O	N	D
x								x																											

Beschreibung:

006 Bürsten Pos. 20 Kohlebürsten 50 x 25 mm, 50 mm lang,
Lager-Nr. 47235
Zustandsabhängige Instandhaltung, siehe Bild 7.1 und 7.2

Erledigt:		Erledigt:		Erledigt:	
Datum:	Name:	Datum:	Name:	Datum:	Name:
5.1.93	F. Müller				
7.9.93	F. Müller				

Bild 7.3: Instandhalteplanung Austausch Kohlebürsten für Drehstrommotor 1000 kW.

INSTANDHALTUNG ELEKTRISCHER ANLAGEN	Blatt: 2
ANLAGE: Drehstrom-Schleifringläufer-Motor 1000 kW, 6000 Volt	

Termin-Plan

1993												19......												19......											
J	F	M	A	M	J	J	A	S	O	N	D	J	F	M	A	M	J	J	A	S	O	N	D	J	F	M	A	M	J	J	A	S	O	N	D
X			X				X			X																									

Beschreibung:
Instandhaltetätigkeiten: 004, 100, 001, 101, Schleifringe, Bürstenhalter 052, 053, 050, 051, Sicherheitshinweise und Instandhaltehinweise beachten! Zustandsabhängige Instandhaltung

Erledigt:		Erledigt:		Erledigt:	
Datum:	Name:	Datum:	Name:	Datum:	Name:
5.1.93	F. Müller				
10.4.93	F. Müller				
10.8.93	F. Müller				
9.11.93	Schneider				

Bild 7.4: Drehstrom-Motor 1000 kW, Instandhaltetätigkeiten.

7.2 Produktüberwachung

Bild 7.5 zeigt das Meßprotokoll »Produktmessung« für die zustandsabhängige Instandhaltung.
Bild 7.6 gibt ein Beispiel für einen Mängelbericht wieder.
Die Einleitung einer zustandsabhängigen Instandhaltung (Inspektion, Wartung und Instandsetzung) kann bei Produktionsmaschinen – insbesondere bei automatischen Anlagen – in bestimmten Fällen auch über Produktmessungen erfolgen, insbesondere dann, wenn elektrische Anlagen und Betriebsmittel, Meß- und Regeleinrichtungen zur Produktveränderung beitragen können.

Das Meßprotokoll (Bild 7.5) zeigt die wöchentlichen Eintragungen von Meßwerten, die am Produkt vorgenommen wurden. Der Sollwert des Produktes beträgt 210 mm, die obere Warngrenze ist mit 210,2 mm und die untere mit 209,8 mm angegeben. Werden diese Warngrenzen über- oder unterschritten, ist die Anlage zu überprüfen. In der 38. Woche (September 1993) wurde die untere Warngrenze unterschritten, wie das Meßprotokoll zeigt. Inspektion, Wartung und Instandsetzung wurden eingeleitet nach besonderer Arbeitskarte, die hier nicht besprochen wird.

Im Mängelbericht, Bild 7.6, sind folgende Eintragungen vorgenommen:

Maschine D 3: 085 = Fühler B1, 74 = verstellt,
102 = Justieren, Ein- und Nachstellen.
Maschine D 3: 030 = Betätigungselement S 4, 46 = schadhaft.
006 = Austauschen.
Maschine D 3: 166 = Modul U 2, 22 = fehlerhaft.
006 = Austauschen.

Mängel behoben: 14. 9. 93 Schneider, Elektrofachkraft.

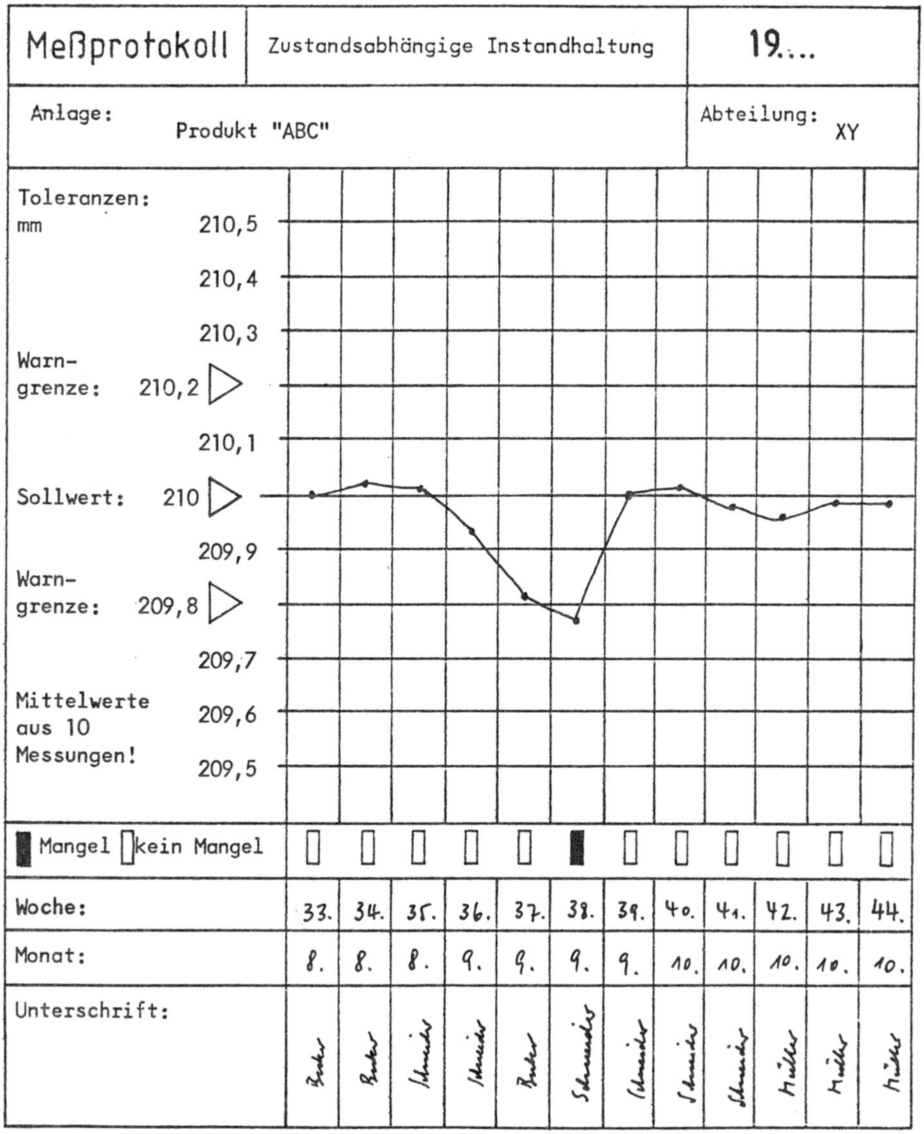

Bild 7.5: Zustandsabhängige Instandhaltung, Meßprotokoll »Produktmessung« (siehe auch Formular Nr. 8, Anhang 2).

Mängelbericht	Codierung nach Tabelle
Anlage: Produkt "ABC"	

Betriebsmittel / Gerät:		Codierung: Schadens-Teil:	Schadens-Bild:	Instandh.-tätigkeit:	
Maschine D 3	B1	085	74	102	
" D 3	S4	030	46	006	
" D 3	U2	166	22	006	

Datum:	Unterschrift:	Mängel behoben ▶	Datum:	Unterschrift:
14.9.93	Schneider		14.9.93	Schneider

Bild 7.6: Mängelbericht zu Meßprotokoll Bild 7.5.

7.3 Instandhaltung Beleuchtungsanlage

Bild 7.7 zeigt die Instandhalteplanung einer Beleuchtungsanlage mittels Betriebsstundenzählers. Bild 7.8 gibt ein Beispiel für einen Mängelbericht. Bei diesem Planungsbeispiel erfolgt der Austausch sämtlicher Leuchtstoffröhren incl. Starter nach 7000 Betriebsstunden.

Ob diese Methode wirtschaftlich ist, muß von Fall zu Fall entschieden werden. Oft ist ein Einzelaustausch in Fabrikhallen und anderen Gebäuden nur mit Leitergerüst möglich. Wenn der Austausch der Röhren mit wenig Kostenaufwand durchführbar ist, kann auch ein Einzelaustausch bei Röhrendefekt vorgenommen werden. Nach ca. 7000 Brennstunden hat die Lichtleistung der Röhren durch Alterung und Verschmutzung um ca. 25–30% nachgelassen.

Instandhaltetätigkeiten nach Bild 7.7:

004 = Reinigen (Langfeldleuchten mit Reflektor, 160 Stück).
006 = Austauschen (Leuchtstofflampen mit Starter, 320 Stück).
109 = Besichtigen auf Staubablagerung, Verschmutzung, Beschädigung, Korrosion, Schwitzwasser.
111 = Besichtigen Kabel, Leitungen, Isolierung auf äußere Beschädigung, Verfärbung.
118 = Besichtigen Befestigungen (evtl. Schrauben nachziehen).
005 = Instandsetzen.
201 = Erproben Anlage und Betriebsmittel, Schutz- und Hilfsmittel (funktionell und sicherheitstechnisch).

Eintragungen im Mängelbericht, Bild 7.8:

Langfeldleuchten (3×)	051 = Drosselspule, 16 = defekt.	
	006 = Austauschen.	
Langfeldleuchten Strang 2	015 = Aufhängung, 46 = schadhaft.	
	005 = Instandsetzen.	

	Firma: Maier & Co KG

INSTANDHALTUNG ELEKTRISCHER ANLAGEN	Blatt: 1

Anlage: Beleuchtungsanlage Halle D Zustandsabhängige Instandhaltung

Termin-Plan

19 92												19 94												19......											
J	F	M	A	M	J	J	A	S	O	N	D	J	F	M	A	M	J	J	A	S	O	N	D	J	F	M	A	M	J	J	A	S	O	N	D
x													x																						

Erledigt:		Erledigt:		Erledigt:	
Datum:	Name:	Datum:	Name:	Datum:	Name:
9.1.92	Schneider				
12.2.94	Schneider				

Beschreibung: Termin nach Betriebsstundenzähler (7000 Brennstunden)
160 Langfeldleuchten mit Reflektor, 320 Leuchtstofflampen L 58 W 21

INSTANDHALTETÄTIGKEITEN		CODIERUNG	
052		005	
053	Sicherheitshinweise beachten!	201	
050			
051	Instandhaltehinweise beachten!		
109			
004			
111			
118			
006	Leuchtstoffröhren, Starter		

Bild 7.7: Instandhalteplanung, Beleuchtungsanlage mittels Betriebsstundenzählers.

Mängelbericht	Codierung nach Tabelle			
Anlage: Beleuchtungsanlage Halle D				
Betriebsmittel / Gerät:	Codierung: Schadens-Teil:	Schadens-Bild:	Instandh.-tätigkeit:	
Langfeldleuchten (3x)	051	16	006	
" Strang 2	015	46	005	
Datum: 12.2.94 · Unterschrift: Schneider	Mängel behoben ▶	Datum: 12.2.94	Unterschrift: Schneider	

Bild 7.8: Mängelbericht über Beleuchtungsanlage Bild 7.7

7.4 Instandhaltung Blindstrom Kompensationsanlage, 120 kVar, 400 Volt Drehstrom, 50 Hz (cos φ 0,9)

Bei Strom-Sonderverträgen werden in der monatlichen Stromabrechnung die Blindstromkosten ausgewiesen und in Rechnung gestellt. Bei den meisten Verträgen fallen Blindstromkosten an, wenn der cos φ unter 0,9 absinkt. Um diese Blindstromkosten zu vermeiden, werden abnehmerseitig automatische Blindstrom-Kompensationsanlagen installiert.

Allgemein sollen diese Anlagen – wenn vom Hersteller nicht anders festgelegt – jährlich einer Inspektion und Wartung unterzogen werden; siehe Abschnitt 6.2. Auch eine zustandsabhängige Instandhaltung ist machbar, wenn nach Bild 7.9 in monatlichen Abständen der aus der Stromrechnung ermittelte cos φ in ein Meßprotokoll eingetragen und kontrolliert wird. Wenn der cos φ unter den festgelegten Sollwert absinkt, ist oft eine Inspektion nebst Wartung notwendig.

Im Meßprotokoll, Bild 7.9, wurde am 7. 5. 93 eine Absenkung des cos φ auf 0,9 eingetragen. Nach Arbeitskarte Nr. 1 mit Terminplan (Bild 7.10) wurden folgende Instandhaltetätigkeiten eingeleitet:

102 = Justieren, Ein- und Nachstellen cos φ-Regler.
201 = Erproben Anlage und Betriebsmittel, Schutz- und Hilfsmittel (funktionell und sicherheitstechnisch). Ermittlung cos φ über Berechnung Zähler kWh/BkWh.

Am 7. 7. 93 wurde erneut eine Verschlechterung des cos φ auf 0,87 festgestellt. Gemäß Arbeitskarte Nr. 2 (Bild 7.11) nebst Terminplan (Bild 7.10) wurden entsprechende Instandhaltetätigkeiten eingeleitet.

Im Mängelbericht vom 7. 5. 93 (Bild 7.12) wurde folgende Eintragung vorgenommen:

Automatik cos φ:	202 = Regler, 74 = verstellt,
	102 = Justieren, Ein- und Nachstellen

Der Mängelbericht vom 7. 7. 93 — Bild 7.13 — zeigt folgende Eintragungen:

Stufenschaltung 1-3:	215 = Schütz, 16 = defekt,
	006 = Austauschen
Klemmleiste Steuerung:	145 = Kontakte, 40 = locker,
	005 = Instandsetzen
Regler:	219 = Sigalleuchte, 16 = defekt,
	006 = Austauschen

Meßprotokoll	Zustandsabhängige Instandhaltung	19...
Anlage: **Automatische Blindstromkompensations-Anlage 400 Volt Drehstrom, 50 Hz., 120 kVar**		Abteilung: XY

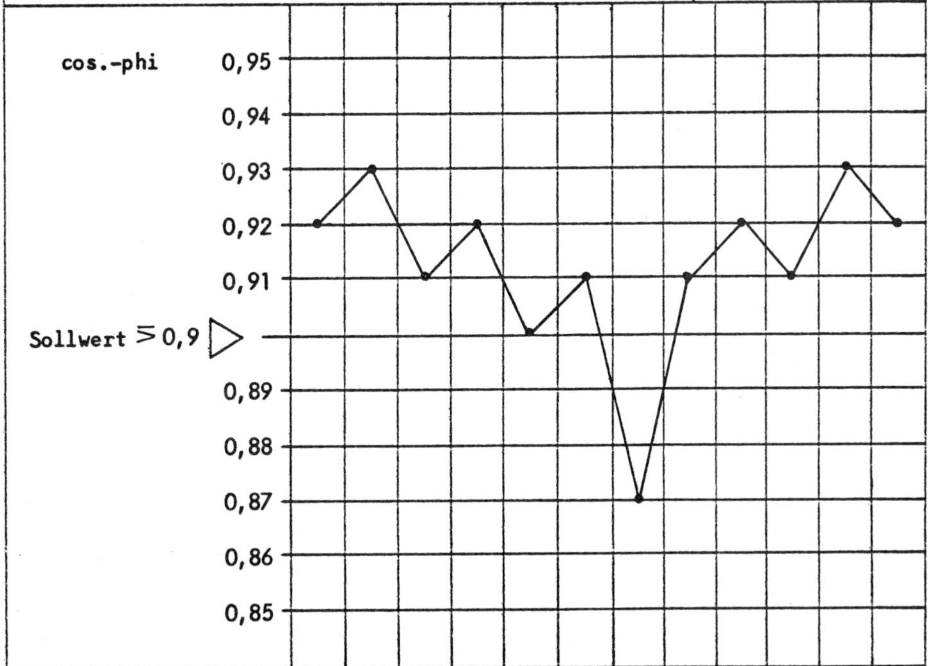

▮ Mangel ▯ kein Mangel	▯	▯	▯	▯	▮	▯	▮	▯	▯	▯	▯	▯
Tag:	5.	6.	4.	6.	7.	5.	7.	5.	3.	5.	4.	7.
Monat:	1.	2.	3.	4.	5.	6.	7.	8.	9.	10.	11.	12.
Unterschrift:	F. Müller	F. Müller	F. Müller	F. Müller	Schneider	Schneider	F. Müller	Schneider	Schneider	F. Müller	F. Müller	F. Müller

Bild 7.9: Instandhalteplanung, Meßprotokoll für cos-φ-Eintragung über Stromablesung Zähler (kWh/BkWh) oder Ermittlung über monatliche Stromrechnung.

	Firma: Maier & Co KG

INSTANDHALTUNG ELEKTRISCHER ANLAGEN	Blatt: 1

Anlage: **Automatische Blindstrom-Kompensationsanlage 400 Volt Drehstrom, 50 Hz, 120 kVar**

Termin-Plan

1993												19......												19......											
J	F	M	A	M	J	J	A	S	O	N	D	J	F	M	A	M	J	J	A	S	O	N	D	J	F	M	A	M	J	J	A	S	O	N	D
				X		●																													

Erledigt:		Erledigt:		Erledigt:	
Datum:	Name:	Datum:	Name:	Datum:	Name:
7.5.93 X	Schneider				
7.7.93 ●	F. Müller				

Beschreibung: **Zustandsabhängige Instandhaltung siehe Meßprotokoll Bild 7.9 und Mängelbericht Bild 7.12**

● Inspektion und Wartung nach Arbeitskarte Nr. 2, Bild 7.11

INSTANDHALTETÄTIGKEITEN			CODIERUNG
102	X Regler (cos.-phi - Einstellung)		
201			

Bild 7.10: Instandhalteplanung für zustandsabhängige Instandhaltung, Reglereinstellung Blindstrom-Kompensationsanlage 120 kVar.

Arbeitskarte Nr. 2	Blatt: 1 bis 2

Inspektion und Wartung automatische

Blindstrom - Kompensationsanlage

400 Volt Drehstrom, 50 Hz,

052
053 Sicherheitshinweise beachten!
050
051 Instandhaltehinweise beachten!

100 Reinigen Anlage, Betriebsmittel

101 Reinigen Be- und Entlüftung

102 Justieren, Ein- und Nachstellen

106 Besichtigen Verschluß

107 Besichtigen Abdeckungen

108 Besichtigen Türverschluß

109 Besichtigen auf Staubablagerung, Verschmutzung, Beschädigung, Korrosion, Schwitzwasser

110 Besichtigen auf Dichtheit (Kondensatoren Wölbung)

111 Besichtigen Kabel, Leitungen, Isolierung auf äußere Beschädigung, Verfärbung

113 Besichtigen Anschlüsse Schutzleiter, Erdungsleiter, Erdungsanlage, Potentialausgleichleiter

114 Besichtigen Kabelendverschlüsse

115 Besichtigen Schalter- oder/und Schützkontakte auf Abbrand, Beschädigung, freie Bewegung, Kontaktdruck, Korrosion

117 Besichtigen Sammelschienen, Anschlußschienen, Schraubenverbindungen, Kabel, Leitungen, Klemmleisten (evtl. Schrauben nachziehen)

118 Besichtigen Befestigungen, (evtl. Schrauben nachziehen)

-2-

Bild 7.11: Arbeitskarte Instandhalteplanung für zustandsabhängige Instandhaltung automatische Blindstrom-Kompensationsanlage.

Arbeitskarte Nr. 2	Blatt: 2

Inspektion und Wartung automatische
Blindstrom - Kompensationsanlage
400 Volt Drehstrom, 50 Hz

119	Besichtigen Schutzvorrichtungen
120	Besichtigen richtige Absicherung der Schutzorgane, richtige Einstellung der Schutzorgane
128	Besichtigen Berührungsschutz
129	Besichtigen NH- Sicherungskontakte auf Abbrand, Beschädigung, Korrosion und Verfärbung
005	Instandsetzen, (Schäden, Mängel)
010	Isolationswiderstandsmessung
014	Niederohmige Messung
201	Erproben Anlage und Betriebsmittel, Schutz- und Hilfsmittel, (funktionell und sicherheitstechnisch)
209	Erproben Gesamtanlage, Betriebszustand wieder herstellen

Zu Bild 7.11

Mängelbericht	Codierung nach Tabelle
Anlage: **Automatische Blindstrom - Kompensationsanlage 120 kVar**	

Betriebsmittel / Gerät:	Codierung: Schadens-Teil:	Schadens-Bild:	Instandh.-tätigkeit:	
Automatik (cos.-phi)	202	74	102	

Datum:	Unterschrift:		Datum:	Unterschrift:
7.5.93	Schneider	Mängel behoben ▶	7.5.93	Schneider

Bild 7.12: Mängelbericht Instandhalteplanung Blindstrom-Kompensationsanlage 120 kVar, Termin-Erledigung nach Bild 7.10.

Mängelbericht	Codierung nach Tabelle			
Anlage: Automatische Blindstrom – Kompensationsanlage 120 kVar				
Betriebsmittel / Gerät:	Codierung:			
	Schadens-Teil:	Schadens-Bild:	Instandh.-tätigkeit:	
Stufenschaltung 1-3	215	16	006	
Klemmleiste Steuerung	145	40	005	
Regler	219	16	006	

Datum:	Unterschrift:		Datum:	Unterschrift:
7.7.93	F. Müller	Mängel behoben ▶	7.7.93	F. Müller

Bild 7.13: *Mängelbericht Instandhalteplanung Blindstrom-Kompensationsanlage 120 kVar.*

7.5 Instandhaltung Blindstrom-Kompensationsanlage 200 kVar, 400 Volt Drehstrom, 50 Hz (cos φ 1,0)

Planungsbeispiel, wie unter Abschnitt 7.4 beschrieben, jedoch mit einem cos.-φ-Sollwert = 1,0.

Bild 7.14: Instandhalteplanung für zustandsabhängige Instandhaltung, Reglereinstellung sowie Inspektion und Wartung.
Bild 7.15: Meßprotokoll für cos. = -Eintragung, Sollwert 1,0, Ermittlung über Stromablesung Zähler (kWh/BkWh) oder über monatliche Stromrechnung.
Bild 7.16: Mängelbericht Instandhalteplanung, Termin-Erledigung nach Bild 7.14
Bild 7.17: Mängelbericht Instandhalteplanung, Termin-Erledigung nach Bild 7.14

INSTANDHALTUNG ELEKTRISCHER ANLAGEN | Blatt: 2

ANLAGE:

Automatische Blindstrom - Kompensationsanlage 400 Volt Drehstrom, 50 Hz, 200 kVar
Zustandsabhängige Instandhaltung

Termin-Plan

19 93												19......												19......											
J	F	M	A	M	J	J	A	S	O	N	D	J	F	M	A	M	J	J	A	S	O	N	D	J	F	M	A	M	J	J	A	S	O	N	D
			X			●																													

Beschreibung:
Zustandsabhängige Instandhaltung
X 102 Regler Einstellung cos.-phi
● Inspektion und Wartung nach Arbeitskarte Nr. 2, Bild 7.11

Erledigt:		Erledigt:		Erledigt:	
Datum:	Name:	Datum:	Name:	Datum:	Name:
X 3.4.93	Schneider				
● 3.7.93	F. Müller				

Bild 7.14: Terminplan Instandhalteplanung zustandsabhängige Instandhaltung Inspektion und Wartung Blindstrom — Kompensationsanlage 200 kVar (Siehe auch Mängelbericht Bild 7.16 und 7.17).

Meßprotokoll	Zustandsabhängige Instandhaltung	19....
Anlage: **Automatische Blindstromkompensations-Anlage 400 Volt Drehstrom, 50 Hz, 200 kVar**		Abteilung: D

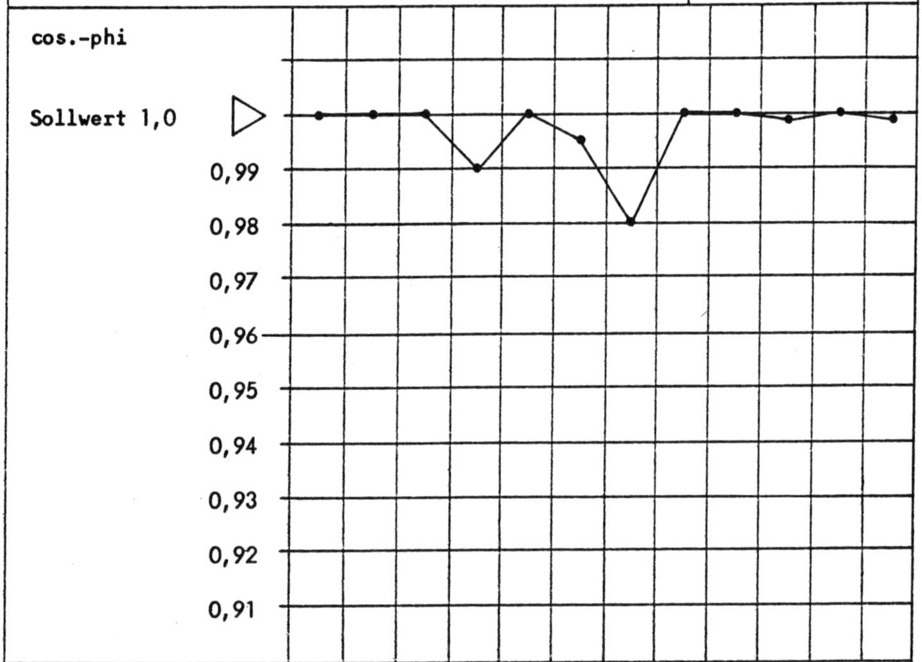

■ Mangel □ kein Mangel	□	□	□	■	□	□	■	□	□	□	□	□
Tag:	2.	3.	2.	3.	4.	4.	3.	3.	2.	2.	4.	3.
Monat:	1.	2.	3.	4.	5.	6.	7.	8.	9.	10.	11.	12.
Unterschrift:	F. Müller	F. Müller	Schneider	F. Müller	Schneider	Schneider	F. Müller	F. Müller	Schneider	Schneider	F. Müller	F. Müller

Bild 7.15: Instandhalteplanung, Meßprotokoll für cos-φ-Eintragung über Stromablesung Zähler (kWh/BkWh) oder Ermittlung über monatliche Stromrechnung.

Mängelbericht	Codierung nach Tabelle			
Anlage: Automatische Blindstrom - Kompensationsanlage 200 kVar				
Betriebsmittel / Gerät:	Codierung: Schadens-Teil:	Schadens-Bild:	Instandh.-tätigkeit:	
Automatik (cos.-phi)	202	74	102	

Datum:	Unterschrift:		Datum:	Unterschrift:
3.4.93	F. Müller	Mängel behoben ▶	3.4.93	F. Müller

Bild 7.16: Mängelbericht Instandhalteplanung Blindstrom-Kompensationsanlage 200 kVar.

Mängelbericht	Codierung nach Tabelle
Anlage: **Automatische Blindstrom- Kompensationsanlage 200 kVar**	

Betriebsmittel / Gerät:	Codierung: Schadens-Teil:	Schadens-Bild:	Instandh.-tätigkeit:	
3 Hauptschütze	145	77	006	
Kabel	004	11	005	
Anschluss Steuerung	136	40	005	
Automatik (cos.-phi)	202	74	102	

Datum:	Unterschrift:		Datum:	Unterschrift:
3.7.93	F. Müller	Mängel behoben ▶	3.7.93	F. Müller

Bild 7.17: Mängelbericht Instandhalteplanung Blindstrom-Kompensationsanlage 200 kVar.

8 Messen

8.1 Isolations-Widerstandsmessung

Der einwandfreie Zustand einer elektrischen Anlage kann nicht nur durch Besichtigen und Erproben geprüft werden, sondern muß auch durch Messungen nachgewiesen werden. Bei der Herstellung und Installation elektrischer Anlagen und Betriebsmittel werden Isolierstoffe benutzt, die einem Alterungsprozeß unterliegen und früher oder später elektrisch und mechanisch nicht mehr den geforderten Beanspruchungen entsprechen. Bei diesem Vorgang entstehen Isolationsfehler, die zu Körperschluß, Kurzschluß oder Erdschluß führen.
Bild 8.1 zeigt die Isolierung zwischen aktiven – spannungführenden – Teilen und leitfähigen inaktiven Teilen. Ein Körperschluß entsteht, wenn leitfähige (inaktive) Teile, die nicht zum Betriebsstromkreis gehören, mit den aktiven Teilen des Betriebsstromkreises unter Spannung stehen. An dieser Fehlerstelle fließt ein Fehlerstrom, der recht klein sein kann, aber dessen Fehlerleistung ausreicht, eine Brandgefahr entstehen zu lassen.
Bereits schwache Fehlerströme können sich zu Lichtbögen, Kurz- oder Erdschlüssen ausweiten. Diese Fehlerströme werden zu einer besonderen Gefahr, wenn sich in der Nähe entzündliche oder leicht brennbare Stoffe befinden.
Durch mangelhafte Isolation zwischen aktiven – spannungführenden – Teilen einer elektrischen Anlage und leitfähigen inaktiven Teilen können Sach- und Personenschäden entstehen, die beträchtliche Ausmaße annehmen können. Die Prüfung des Isolationswiderstandes gehört zu den wichtigsten Messungen bei elektrischen Anlagen und Betriebsmitteln.
Für in Betrieb befindliche Anlagen gilt nach Tabelle 8.1 die Spalte »Anlagen im Betrieb« nach VDE 0105, Teil 1. Es sind Mindestwerte, die nicht unterschritten werden dürfen.
Der Ableitstrom, der betriebsmäßig von aktiven Teilen der Betriebsmittel über die Isolierung zu Körpern und fremden leitfähigen Teilen fließt, darf 1 mA betragen. Bei einer Spannung U_o = 220 Volt bedeutet dies:

$$R_{iso} = \frac{U_o}{1\ \text{mA}} = 220\ \text{k}\Omega = 0{,}22\ \text{M}\Omega$$

d.h. 1000 Ω/Volt.
Bei nassen Räumen darf dieser Wert auf 500 Ω/Volt sinken.

$$R_{iso} = 500\ \Omega/\text{Volt} \times 220\ \text{Volt} = 110\,000\ \text{Ohm} = 0{,}11\ \text{M}\Omega$$

*Tabelle 8.1: Mindestisolationswiderstände nach VDE**

Mindestisolationswiderstände		Tabelle 8.1
Anlage / Messung :	Mindest-Isolations-Widerstand	Bemerkungen:
Neuanlagen bis 1000 Volt feuchte und trockene Räume nasse Räume und im Freien	1000 Ohm/Volt 500 Ohm/Volt	VDE 0100 Messung: Leiter/Leiter, bezw. Leiter/Erde
Anlagen im Betrieb ohne Betriebsmittel mit Betriebsmittel Betriebsmittel der Schutzklasse I Betriebsmittel der Schutzklasse II	 1000 Ohm/Volt 300 Ohm/Volt *) 1000 Ohm/Volt 2 M - Ohm	VDE 0105, Teil 1 *) wird Wert unterschritten, müssen Betriebsmittel bei Messung abgeklemmt werden!
Elektrische Ausrüstung von Maschinen	1 M - Ohm	VDE 0113
Instandsetzung von Geräten Schutzklasse I Schutzklasse II Schutzklasse III	 0,5 M - Ohm 2 M - Ohm 1000 Ohm/Volt	VDE 0701
Elektrowerkzeuge Schutzklasse I Schutzklasse II	 1 M - Ohm 5 M - Ohm	VDE 0740
Gültigkeit haben nur die jeweils neuesten Fassungen der VDE - Bestimmungen, welche im VDE-Jahreskatalog des VDE-Vorschriftenwerkes veröffentlicht werden. Dabei können, soweit dafür Übergangsfristen vorgesehen wurden, auch ältere Fassungen noch gelten!		

*Siehe auch Voigt, M.: Meßpraxis, Schutzmaßnahmen DIN VDE 0100, Pflaum Verlag

Der Isolationswiderstand ist mit Gleichspannung zu messen, um kapazitive Einflüsse der Leitung bei Wechselstrom auszuschalten. Die Meßgeräte müssen VDE 0413 entsprechen. Die Prüfspannungen sollen umschaltbar 250 Volt=, 500 Volt= und 1000 Volt= betragen. Die Prüfspannung muß an den Ausgangsklemmen des Meßgerätes so hoch liegen, daß ein Meßstrom von 1 mA fließt.
Nach VDE 0105, Teil 1, und VDE 0100 sind Isolationswiderstände wie folgt zu messen (Anlagen mit Nennspannungen bis 1000 Volt):

① **Außenleiter gegen Erde (PE)**
② **Neutralleiter (N) gegen Erde (PE)**
③ **Außenleiter gegen Außenleiter**
④ **Außenleiter gegen Neutralleiter (N)**

Die Meßung ② entfällt im TN-C-Netz (PEN kombiniert). Die Meßung ③ darf entfallen, wenn in der zu prüfenden Leitung ein geerdeter Leiter oder ein geerdeter Mantel mitgeführt wird, ferner bei Schalterleitungen in Lichtstromkreisen. Diese Erleichterung gilt nicht, wenn es sich um feuergefährdete Betriebsstätten handelt.
Bild 8.2 zeigt ein Isolationsmeßgerät bei der Isolationswiderstandsmessung in einem TNS-Netz. Bei Isolationswiderstandsmessungen von Leitungen und Kabeln ist zu beachten:

- Spannung frei schalten.
- Schalter auf »AUS« stellen.
- Neutralleiter N an der Einspeisung trennen, nach Bild 8.2 Brücke entfernen!
- Meßung L1, L2, L3 und N einzeln oder gemeinsam gegen Erde bzw. PE sowie auch gegeneinander.

Die fünf Sicherheitsregeln nach Bild 8.3 sind dabei zu beachten. Die Verwendung eines Sicherheitsschildes nach Bild 8.4 wird empfohlen.

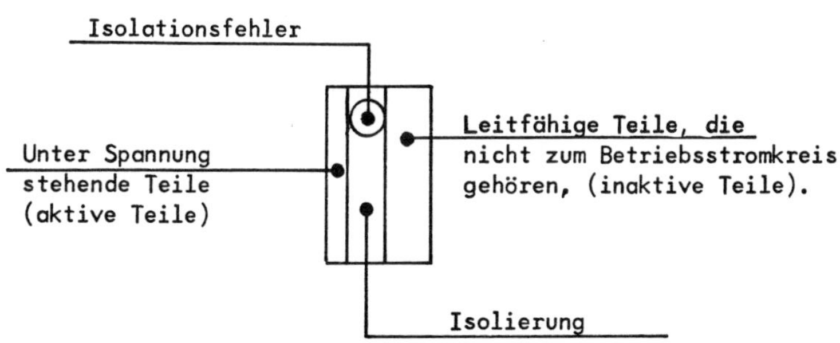

Bild 8.1: Aktive Teile sind Leiter und leitfähige Teile der Betriebsmittel, die unter normalen Betriebsbedingungen unter Spannung stehen. Dazu gehören auch Neutralleiter. Nicht dazu gehören PEN-Leiter und die mit diesem in leitender Verbindung stehenden Teile.

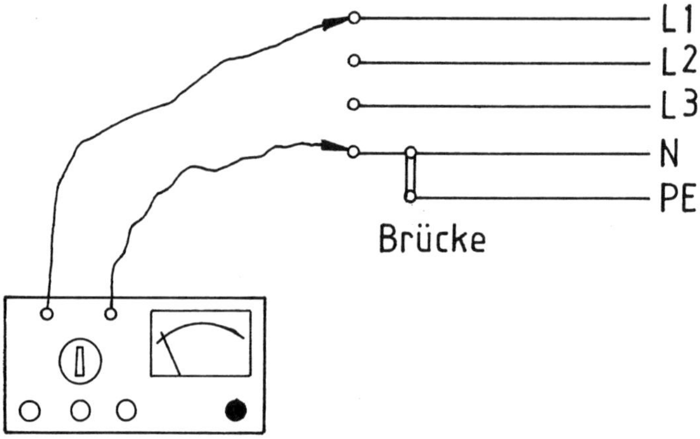

Bild 8.2: Isolationswiderstandsmessung.

- Freischalten.
- Gegen Wiedereinschalten sichern.
- Spannungsfreiheit feststellen.
- Erden und Kurzschließen.
- Benachbarte, unter Spannung stehende Teile abdecken oder abschranken!

Nach Messung Betriebszustand wieder herstellen!

Bild 8.3: Die 5 Sicherheitsregeln.

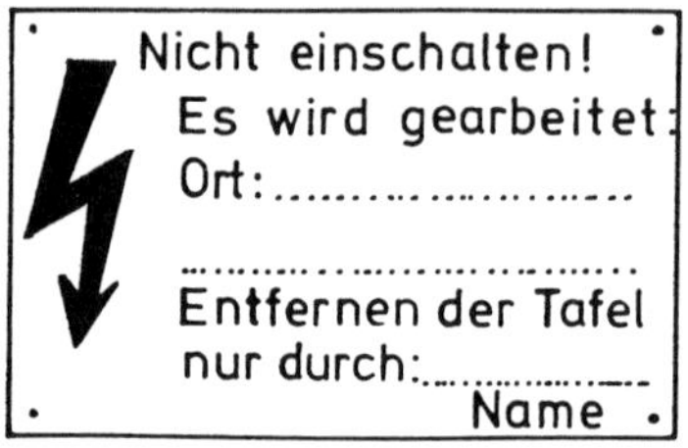

Bild 8.4: Sicherheitsschild 120 × 200 mm oder 200 × 300 mm.

8.2 Erdungsmessung

Bild 8.5 zeigt die Erdungsmessung nach dem Strom-Spannungsmeßverfahren. Bei der Benutzung ist darauf zu achten, daß das Gerät VDE 0413 entspricht.

Richtwert bei Messung: $R_E \leqq 2\ \Omega$ (VDE 0100, VDE 0141)

Das Meßergebnis kann vom tatsächlichen Wert durch gegenseitige Beeinflussung von Erdern und Sonde abweichen.

- Bedienungsanleitung des Meßgeräteherstellers beachten!

Bei Anwendung des Strom-Spannungsmeßverfahrens darf nach VDE 0100, Teil 600, wie folgt verfahren werden:

- der zu messende Erder wird abgetrennt,
- zwischen Erder und einer weiteren niederohmigen Erdungsanlage, z.B. PEN-Leiter eines TN-Netzes, wird der Widerstand gemessen,
- der Wert, der sich ergibt, muß kleiner sein oder höchstens gleich dem zulässigen Wert des Erdungswiderstandes des zu prüfenden Erders.

- Messung mit EVU absprechen.
- Vor der Messung Abschalten der Anlage veranlassen.
- Sicherheitsregeln Bild 8.3 beachten und Sicherheitsschild Bild 8.4 verwenden.
- Nach Messung Betriebszustand wieder herstellen.

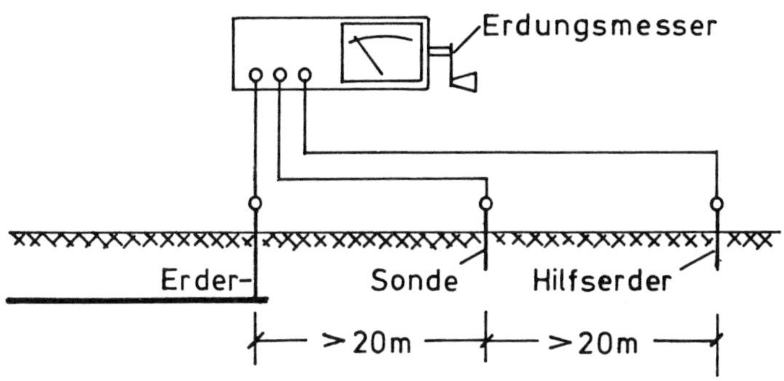

Bild 8.5: Erdungsmessung.

8.3 Niederohmige Messung

Die niederohmige Verbindung als zusätzliche Schutzmaßnahme zwischen Potentialausgleichleiter, Schutzleiter, Metallrohren, Erdungs- und Blitzschutzanlagen etc. ist bei elektrischen Anlagen notwendig. Die Wirksamkeit dieser Verbindungen zum Personen- und Brandschutz hängt oft von den Widerstandswerten der entsprechenden Leiter und leitfähigen Körper ab.
Durch Messung muß festgestellt werden, ob zwischen fremden leitfähigen Teilen, Metallrohren, Anlagengehäusen, Potentialausgleichschienen, Schutzleiter etc. niederohmige Verbindung besteht. Bild 8.6 zeigt die niederohmige Messung an einem Beispiel. Mit dieser Meßeinrichtung können Schutzleiterverbindungen im Umkreis von 40 m einfach und schnell gemessen werden. Die Messungen sollen an sämtlichen Verbindungen ausgeführt werden (100%).
Die Tabelle 8.2 zeigt eine Zusammenstellung der max. zulässigen Widerstandswerte für Potentialausgleichs- und Schutzleiterverbindungen.

- Vor Messung Abschaltung der Anlage.
- Sicherheitsregeln Bild 8.3 beachten und
- Sicherheitsschild Bild 8.4 verwenden.
- Nach Messung Betriebszustand wieder herstellen.

Bei der Messung ist darauf zu achten, daß keine Parallelverbindungen bestehen, welche das Meßergebnis verfälschen können. Die Messung im niederohmigen Bereich erfordert an den Meßanschlußstellen eine gute leitfähige Verbindung. Die Prüfspitzen sollen eine Feile besitzen. Die Tabelle 8.3 zeigt die Widerstandswerte von Schutzleiterverbindungen und Potentialausgleichleitungen etc. bezogen auf 10 m Länge. Bei Metallrohren und deren Verbindungen gilt der Potentialausgleich als wirksam, wenn der Widerstand ab Anschlußstelle bis zum Ende der Rohrleitung 3 Ω nicht überschreitet (siehe Bild 8.6).
Bild 8.7 zeigt die niederohmige Widerstandsmessung zwischen PE (Verteilung) und Schukosteckdosen-Schutzleiteranschluß.
Nach der Messung Brückenverbindung PE-N wieder herstellen!

max. zulässige Widerstandswerte für Potentialausgleichs- und Schutzleiterverbindungen	$R_{max.}$ Ohm	nach VDE
Hauptpotentialausgleich	2,0	0100
Maschinen bis 1000 Volt	0,1	0113
Instandsetzung von Geräten	0,3	0701
Leuchten	0,2	0710
Elektromotorische Antriebe	0,1	0730

*Tabelle 8.2**

**Siehe auch Voigt, M.: Meßpraxis, Schutzmaßnahmen DIN VDE 0100; Pflaum Verlag, München*

Tabelle 8.3

Cu mm²	1,5	2,5	4	6	10	16
10 m Länge	0,12 Ω	0,07 Ω	0,05 Ω	0,03 Ω	0,018 Ω	0,011 Ω
verzinkter Bandstahl 30 x 3,5 mm, 10 m Länge = 0,012 Ω						

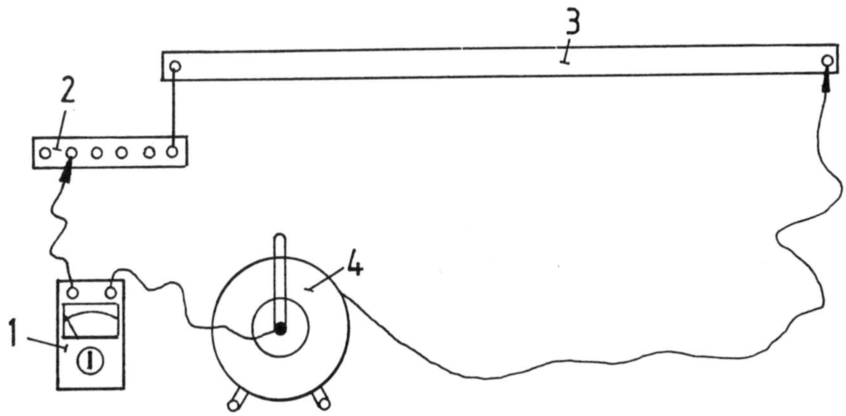

Bild 8.6: Niederohmige Messung. 1 = Meßgerät nach VDE 0413; 2 = Potentialausgleichsschiene; 3 = Potentialausgleichsleitung, Kabel, verzinktes Bandeisen, Metallrohr etc.; 4 = Kabeltrommel (Meßleitung 0,75 mm² Cu, 42 m lang = 1 Ω); der Widerstand der Meßleitung ist vom Meßergebnis abzuziehen.

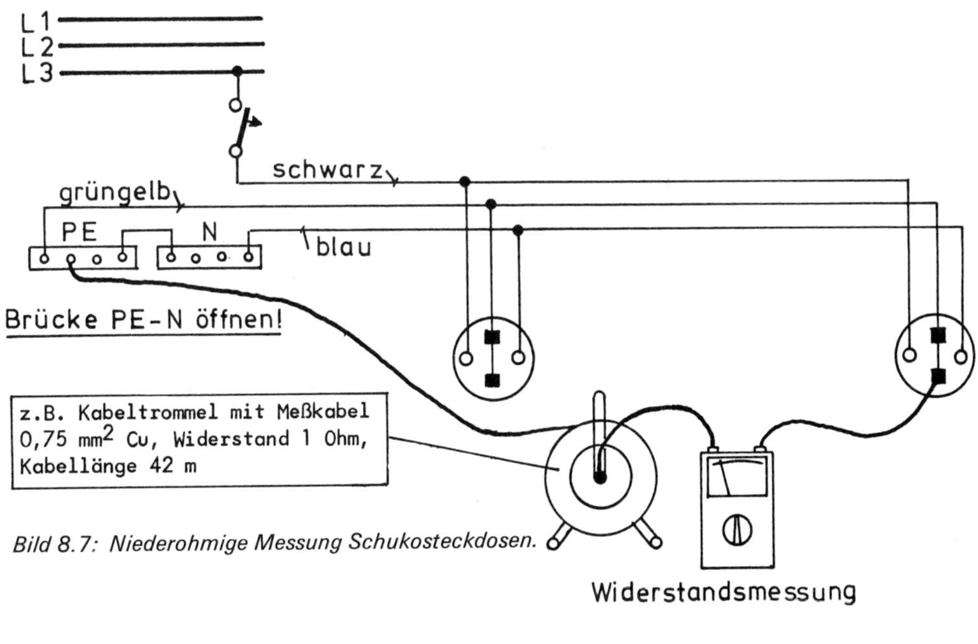

Bild 8.7: Niederohmige Messung Schukosteckdosen.

8.4 Schleifen-Widerstandsmessung

Durch Messen der Schleifen-Impedanz Z_S (Ohm) kann die Wirksamkeit der Schutzmaßnahme im TN-Netz geprüft werden. Die Schleifenimpedanz ist der Wert, der aus einer Summe von Teilwiderständen ermittelt wird. Es sind dies:

- Innenwiderstand R_i des Transformators.
- Außenleiterwiderstand einschl. Sicherungen $R_L + R_{Si}$.
- Schutzleiterwiderstand R_{PE}.
- PEN-Leiterwiderstand R_{PEN}.
- Erderwiderstände R_B und R_S.
- Übergangswiderstände $R_Ü$.

Bild 8.8 zeigt die Schleifwiderstandsmessung in einem TN-Netz. In Tabelle 8.4 sind die max. zulässigen Schleifen-Impedanzen bei verschiedenen Schutzorganen und Abschaltzeiten aufgeführt. Das Meßergebnis der Schleifenwiderstandsmessung ist mit der Grenzwert-Tabelle 8.4 zu vergleichen. Dabei muß der mögliche Meßfehler des Meßgerätes berücksichtigt werden. Das Meßgerät muß VDE 0413 entsprechen.

- Bedienungsanleitung des Meßgeräteherstellers beachten!

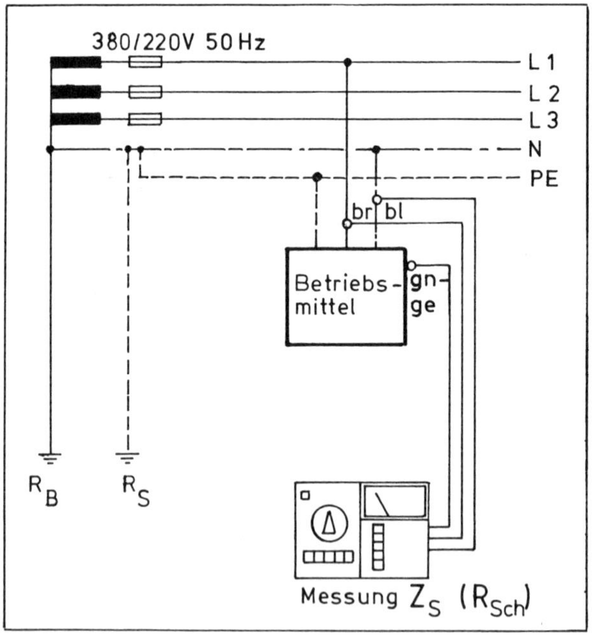

Bild 8.8: Schleifenwiderstandsmessung in einem TN-Netz.

Tabelle 8.4

Maximal zulässige Schleifenimpedanzen bei verschiedenen Schutzorganen nach VDE 0100, Teil 600, Nennspannung 230 Volt

Niederspannungssicherungen mit Charakteristik gL nach DIN VDE 0636											
I_n Amp.	6	10	16	20	25	32	35	40	50	63	80	100
Z_s (0,2 s) Ω	3,7	2,2	1,5	1,2	0,8	0,7	0,6	0,5	0,4	0,3		
Z_s (5 s) Ω	7,9	4,7	3,1	2,5	1,8	1,4	1,3	1,1	0,8	0,6	0,5	0,4
Leitungsschutzschalter mit Charakteristik L nach DIN VDE 0641												
Z_s ($\leq$0,2 s) Ω	7,3	4,4	2,8	2,2	1,8	1,4	1,3	1,1	0,9	0,7		
Leitungsschutzschalter mit Charakteristik G nach CEE-Publ.19												
Z_s ($\leq$0,2 s) Ω	2,4	1,5	0,9	0,7	0,6	0,5	0,4	0,37	0,29	0,23		

Siehe DIN VDE 0100 Teil 600 /11. 1987

8.5 FI-Schutzmessung

Die FI-Schutzmessung beruht auf der Funktionsprüfung der Fehlerstromschutzeinrichtung. Dem Prüfling wird ein Fehlerstrom simuliert, der allmählich erhöht und gemessen wird. Gleichzeitig erfolgt die Messung der Fehlerspannung gegen Erde. Beim vorgesehenen Nennfehlerstrom muß der FI-Schalter angesprochen haben, wobei gleichzeitig die Fehlerspannung den vorgeschriebenen Wert nicht übersteigen darf. Bild 8.9 zeigt die Messung einer FI-Schutzeinrichtung.

- Vor Messung Abschalten der Anlage.
- Sicherheitsregeln Bild 8.3 beachten und
- Sicherheitsschild Bild 8.4 verwenden.
- Nach Messung Betriebszustand wieder herstellen.

Das Meßgerät muß VDE 0413 entsprechen. Die Bedienungsanleitung des Meßgeräteherstellers ist zu beachten. Die Tabelle 8.5 zeigt maximal zulässige Schutzerdungswiderstände bei verschiedenen Nennauslöseströmen der FI-Schutzschalter.

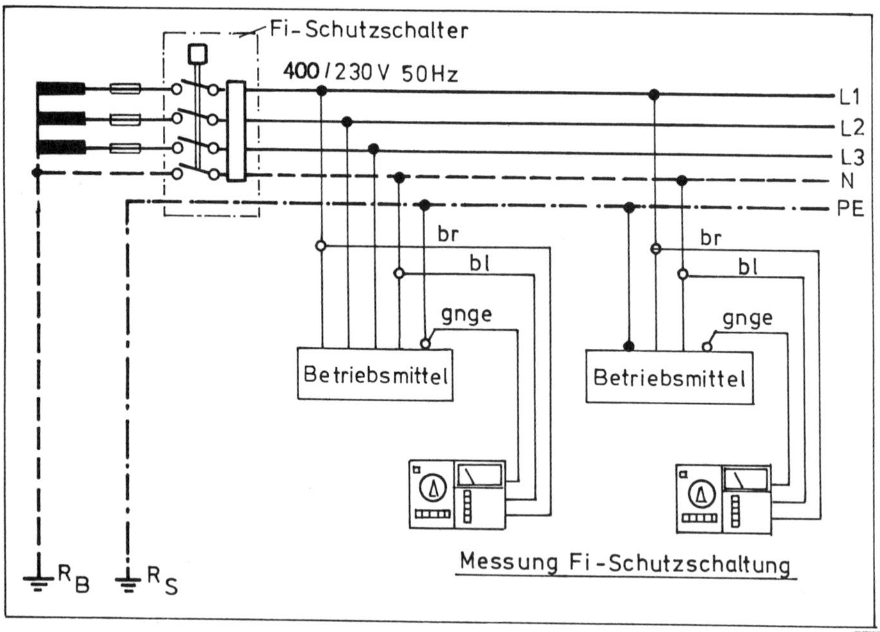

Bild 8.9: Messung einer Fehlerstrom-Schutzeinrichtung (FI-Schutz).

Beispiel:
FI-Schalter $I_{\Delta N}$ = 30 mA, 0,03 Amp. Bei Prüfung der Schutzmaßnahme am Gehäuse eines Betriebsmittels löst der FI-Schalter bei $I_{\Delta N}$ = 30 mA aus (Auslösung nach VDE 0100 innerhalb von 0,2 s). Die gemessene Fehlerspannung U_F beträgt 40 Volt.

$$R_E = \frac{U_F}{I_F} = \frac{40\ V}{0{,}03\ A} = 1333\ \Omega$$

Maximal zulässiger Schutzerdungswiderstand:

$$R_E = \frac{U_L}{I_{\Delta N}} = \frac{50\ V}{0{,}03\ A} = 1667\ \Omega$$

Siehe auch Tabelle 8.5

Die Auslöseprüfung ist für jeden FI-Schutzschalter nur an einer Meßstelle erforderlich. Alle anderen Erderverbindungen können mit der niederohmigen Messung (Abschnitt 8.3) nachgewiesen werden.

Maximal zulässige Schutzerdungswiderstände bei verschiedenen Nennauslöseströmen der FI-Schalter					Tabelle 8.5	
Nennfehlerstrom $I_{\Delta N}$ FI - Schalter		0,010 A	0,030 A	0,100 A	0,300 A	0,500 A
R_A bei:	U_L = 50 Volt	5000 Ω	1666 Ω	500 Ω	166 Ω	100 Ω
	U_L = 25 Volt	2500 Ω	833 Ω	250 Ω	83 Ω	50 Ω
S R_A bei:	U_L = 50 Volt	-	-	250 Ω	83 Ω	50 Ω
	U_L = 25 Volt	-	-	125 Ω	41 Ω	25 Ω

S für s - gekennzeichnete Schalter

R_A = Erdungswiderstand der Körper

$I_{\Delta N}$ = Nennfehlerstrom Amp.

U_L = max. zulässige Berührungsspannung bei Menschen 50 Volt, bei Tieren und in medizinisch genutzten Räumen 25 Volt.

Der FI - Schutzschalter soll das Bestehenbleiben zu hoher Berührungsspannungen an Körpern dadurch verhindern, daß ein Fehlerstrom, der den Nennfehlerstrom überschreitet, alle Außenleiter und Mittelleiter N innerhalb 0,2 Sekunden abschaltet.

Nach VDE 0100, Teil 600 / 11. 87

Selektive FI-Schutzschalter haben ein verzögertes Auslöseverhalten. Sie sind gekennzeichnet durch das Symbol Ⓢ (Tabelle 8.5).
Die Auslösezeit von $\leqq$ 0,2 sek. wird erst bei einem Fehlerstrom von

$$2 \times I_{\Delta N}$$

garantiert. Die maximal zulässigen Widerstandwerte sind auf dem FI-Schalter vermerkt.
Wenn die Berührungsspannung zu hoch ist oder wenn die FI-Schutzeinrichtung nicht anspricht (auslöst), muß die Anlage überprüft werden. Gründe: Erdungswiderstand zu hoch, FI-Schalter defekt.

- Bei Drehstromanschlüssen muß zur einwandfreien Prüfung der FI-Schutzschalter die Messung der Berührungsspannung und Auslöseprüfung mit allen drei Außenleitern (L1, L2, L3) erfolgen.

8.6 Messung Verbrauchsgeräte nach VDE 0701

Instandgesetzte oder geänderte elektrische Geräte der Schutzklasse I, II und III müssen nach VDE 0701 geprüft und gemessen werden.

Schutzklasse I	=	Geräte mit Schutzleiteranschluß ⏚
Schutzklasse II	=	schutzisolierte Geräte ohne Schutzleiteranschluß ⧈
Schutzklasse III	=	Geräte für Schutzkleinspannung (Max. 50 Volt Wechselspannung bzw. 120 Volt Gleichspannung zwischen Außenleiter und Erde.)

Schaltzustand bei Messung:

Betriebsmittel-Sicherungen unterbrechen, abklemmen oder Stecker ziehen.

Folgende Prüfungen und Messungen müssen durchgeführt werden:

- Sichtprüfung,
- Schutzleiterprüfung,
- Isolationswiderstandsmessung,
- Ersatz-Ableitstrommessung,
- Funktionsprüfung.

Verbraucher-Schutzleiterprüfung: (Schutzklasse I)

Messung der niederohmigen Verbindung zwischen den berührbaren Metallteilen (Gehäuse) und dem Schutzkontakt des Netzsteckers.
Bei nicht ortsveränderlichen Geräten Messung am netzseitigen festen Anschluß vornehmen (siehe auch Abschnitt 8.3). Der Widerstand der niederohmigen Verbindung darf folgende Werte nicht überschreiten:

ortsveränderliche Geräte,
maximale Leitungslänge von
5 m $\leqq 0{,}3\ \Omega$

Bei Netzanschlußleitungen über 5 m gilt der Wert von 0,1 Ω, wobei der Eigenwiderstand der Anschlußleitung hinzugerechnet werden muß. Bei ortsfesten Geräten darf die niederohmige Verbindung 1,0 Ω nicht überschreiten. Zwischen Körper und Schutzleiterklemme beträgt der zulässige Wert $\leqq 0{,}1\ \Omega$.

Isolationswiderstandsmessung:

Die Mindest-Isolationswiderstände bei instandgesetzten oder geänderten Geräten können Tabelle 8.1 entnommen werden (siehe auch Abschnitt 8.1).
Bild 8.10 zeigt die Messung einer elektrischen Bohrmaschine mit einem Geräte-Tester nach VDE 0701. Die Messung ortsfester Betriebsmittel wird auf Bild 8.11 dargestellt.

Messung des Ableitstromes:

Der Prüfling ist fehlerfrei, wenn der angezeigte Strom 7 mA nicht überschreitet (Ersatz-Ableitstrommessung). Bei Geräten mit einer Heizleistung ≧ 6 kW darf der maximale Ableitstrom 15 mA betragen. Bei den Messungen ist die Bedienungsanleitung des Meßgeräteherstellers zu beachten. Die Funktionsprüfung des Elektrogerätes ist nach der Bedienungsanleitung des Herstellers auszuführen.

Spannungsfestigkeitsprüfung:

Schutzklasse I 1000 Volt
Schutzklasse II 3000 Volt
Schutzklasse III 400 Volt
Prüfdauer: 1 Minute.

VDE-Bestimmungen 0701 beachten:

Teil 1 : Instandsetzung, Änderung und Prüfung elektrischer Geräte, Allgemeine Anforderungen.
Teil 2 : Rasenmäher, Gartenpflegegeräte,
Teil 3 : Bodenreinigungsgeräte und -maschinen,
Teil 4 : Sprudelbadegeräte,
Teil 5 : Großküchengeräte,
Teil 6 : Ventilatoren, Dunstabzugshauben,
Teil 7 : Nähmaschinen,
Teil 8 : Ortsfeste Wassererwärmer,
Teil 200 : Netzbetriebene elektronische Geräte,
Teil 260 : Handgeführte Elektrowerkzeuge.

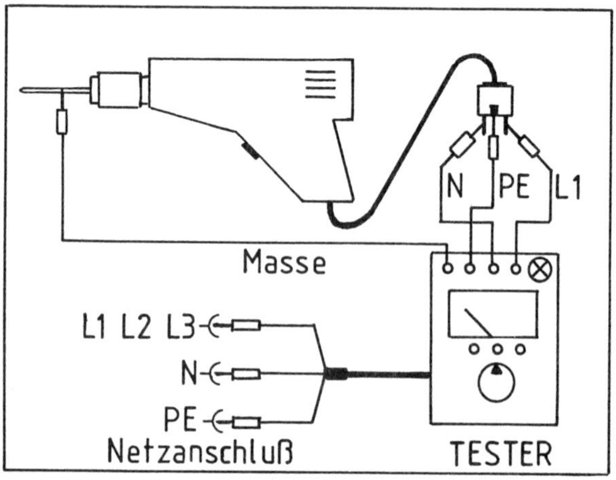

Bild 8.10: Isolationswiderstandsmessung einer Bohrmaschine nach VDE 0701.

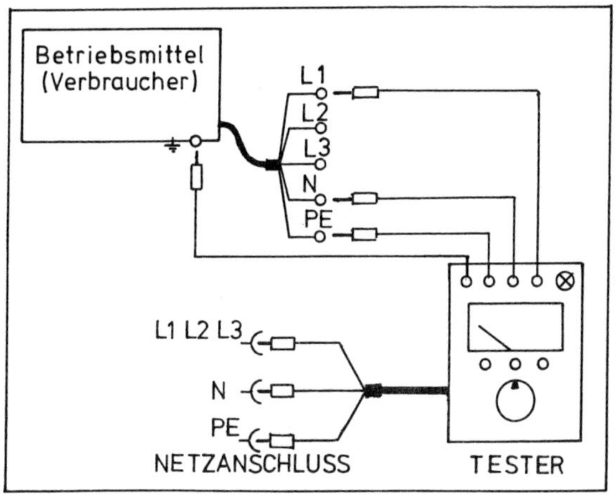

Bild 8.11: Messung von Betriebsmitteln (Verbraucher) nach VDE 0701.

8.7 Messen der elektrischen Ausrüstung für Be- und Verarbeitungsmaschinen mit Nennspannungen bis 1000 V

Bild 8.12 zeigt eine Werkzeugmaschine für 400 Volt Drehstrom, 50 Hz, TNS-Netz.

- Vor Messung Abschaltung der Anlage.
- Sicherheitsregeln Bild 8.3 beachten und Sicherheitsschild Bild 8.4 verwenden.
- Nach Messung Betriebszustand wieder herstellen.

Isolationswiderstandsmessung nach Abschnitt 8.1, Mindestisolationswiderstände nach Tabelle 8.1 (elektrische Ausrüstung von Maschinen): 1,0 MΩ (VDE 0113)

Maximal zulässige Widerstandswerte für Potentialausgleich, Schutzleiterverbindungen, berührbare Metallteile, Gehäuse etc.:

$\leqq 0{,}1\,\Omega$

Siehe auch Tabelle 8.2 und 8.3.
Die leitfähigen Metallquerschnitte müssen dem erforderlichen Schutzleiterquerschnitt mindestens leitwertgleich sein.

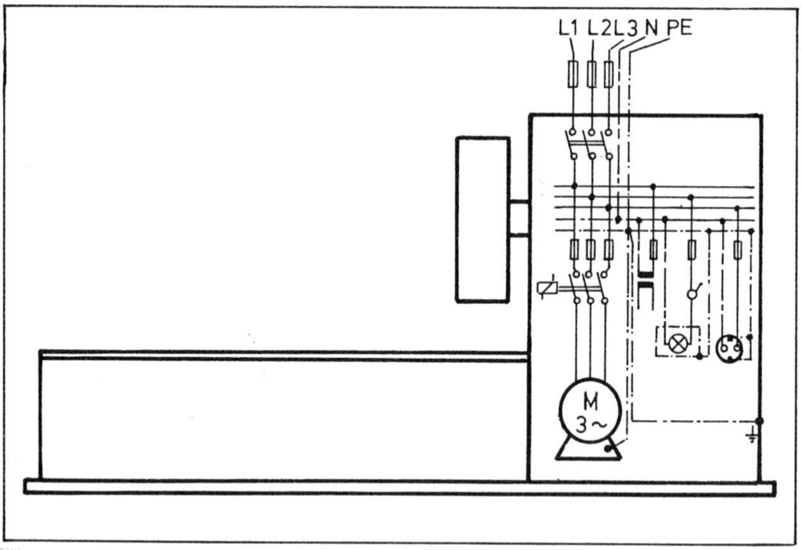

Bild 8.12: Werkzeugmaschine 400 Volt Drehstrom, 50 Hz, TNS-Netz.

9 Rechnergestützte Instandhalteplanung

Viele Instandhalteplaner suchen nach einem geeigneten EDV-System, das als Arbeitshilfe dienen und zur Kosteneinsparung beitragen soll.
Der Personal Computer (PC) wird bereits in vielen Betrieben für Buchhaltung, Betriebsabrechnung, Auftragsabwicklung, Materialwirtschaft, Personalplanung etc. eingesetzt. Dabei werden viele Programme angeboten, die auch bei der Instandhalteplanung Anwendung finden können.
Bei der geplanten Instandhaltung werden weniger statistische Daten, dafür mehr die Bereitstellung von Informationen benötigt, wie z. B.

Betriebsmittellisten	Leistungsverzeichnisse
Anlagenlisten	Schadensmeldungen
Kalenderdatei	Mängelberichte
Terminpläne	Meßprotokolle
Standardtexte	Schwachstellenanalysen
Arbeitskarten	Schwachstellenberichte

Das PC-Programm soll einfach und für die eigene Betriebsorganisation verträglich sein. Das EDV-System muß die Texte abrufen, ausdrucken und auf dem Bildschirm anzeigen können. Der Software-Lieferant soll dem Anwender die Möglichkeit geben, das Programm unverbindlich zu testen, bevor eine endgültige Entscheidung getroffen wird. Diese Entscheidung muß der Anwender, nicht der Software-Lieferant treffen. Gut beraten ist der Anwender, wenn er sich einer Anwendergruppe innerhalb einer Organisation anschließt. Bei Industriebetrieben fällt die Entscheidung leichter, da größere EDV-Anlagen bereits installiert sind.
Bild 9.1 zeigt eine Aufstellung rechnergestützte Instandhalteplanung für elektrische Anlagen und Betriebsmittel. Hier wird gezeigt, welche Unterlagen der Instandhalter vor Ort benötigt.
Die Instandhaltung ist, unabhängig vom jeweiligen Industriezweig, in jedem Betrieb eine dringende Notwendigkeit. Man muß sie nur kostengünstig gestalten, d. h. die PC-Planung ist nur dann brauchbar, wenn die Instandhalteplanung vereinfacht wird und zur Kosteneinsparung beiträgt. Der Papierverbrauch muß eingeschränkt werden.
Die Schadensmeldung, Bild 9.2, wurde aus Schichtaufzeichnungen entnommen. Mit Hilfe dieser täglichen Schadensmeldungen (Formular Nr. 6, Anhang 2) kann über den PC ein Schwachstellenbericht erstellt werden.

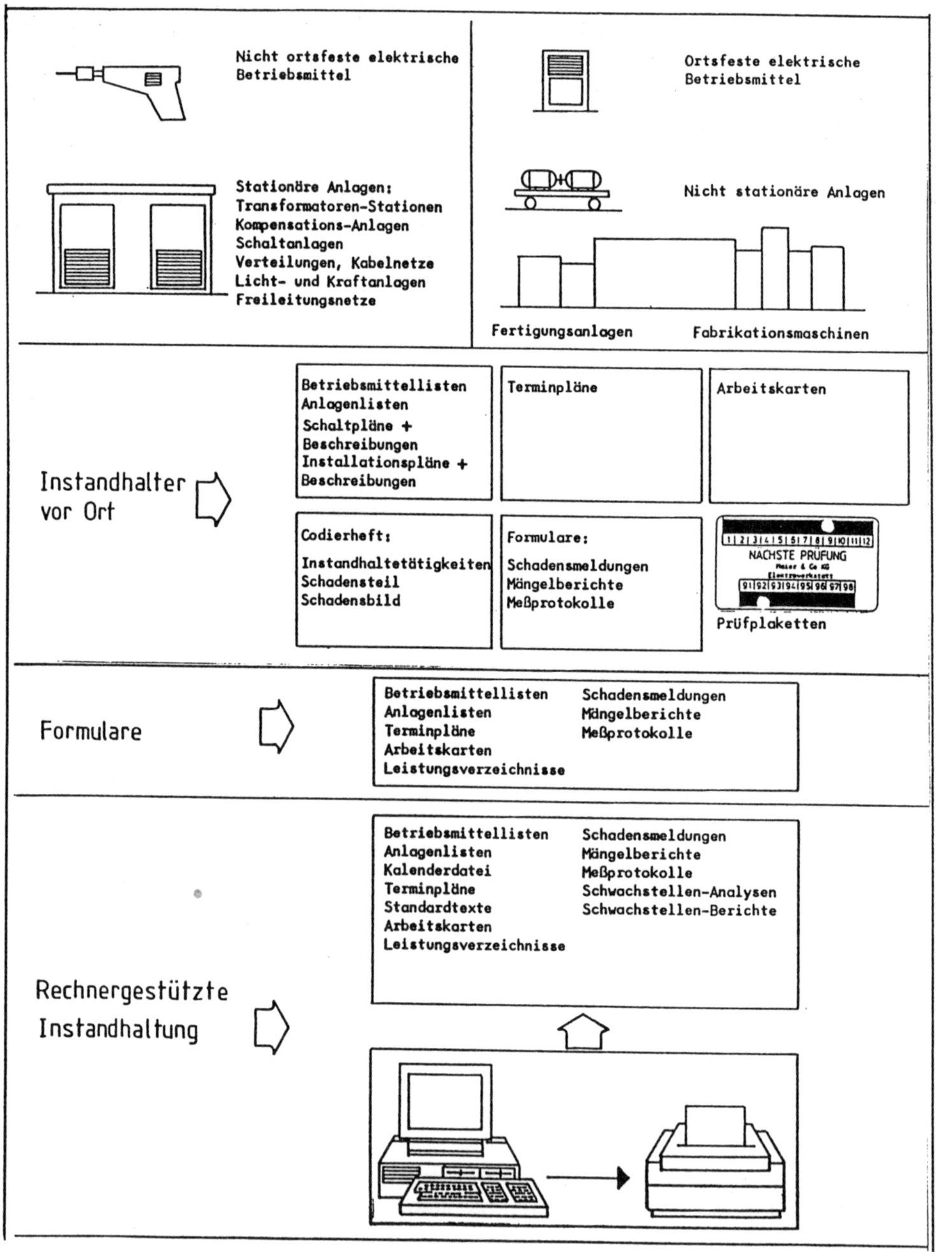

Bild 9.1: Rechnergestützte Instandhalteplanung für elektrische Anlagen und Betriebsmittel.

Schadensmeldung			Monat: Oktober 19 93			Blatt: 3	
Anlage: Fertigungsanlagen BO 1 bis BO 5							
			Codierung:				
Datum:	Schicht	Betriebsmittel / Gerät:	Schadens-Teil:	Schadens-Bild:	Instandh.-tätigkeit:	Ausfall-zeit (min)	Erledigt
8.10.	1	BO 1 Näherungsschalter S1	177	74	102	20	Schneider
8.10.	3	BO 1 Fotozelle B2	080	73	004	25	Müller
8.10.	3	BO 3 SPS-Baueinheit D1	207	09	140	35	Müller
9.10.	1	BO 3 Notschalter S4	176	11	005	40	Schneider
		u.s.w.					

Bild 9.2: Schadensmeldung für Fertigungsanlagen BO 1 bis BO 5.

Ausgedruckt werden soll:

Kalenderwoche / Tag / Schicht
Anlage, Code-Nr. (nach Bild 4.3)
Schadensteil, Code-Nr.
Schadensteil (Klartext)
Schadensbild, Code-Nr.
Instandhaltetätigkeit, Code-Nr.
Ausfall-Minuten
Summe der Ausfall-Minuten (Stunden)

Bild 9.3 zeigt den gewünschten Schwachstellenbericht mit allen Schadensmeldungen — Monat Oktober 1993 — für Fertigungsanlagen BO 1 bis BO 5. Im Bericht wurden alle Schäden erfaßt, wenn ein bestimmtes Bauteil mehr als drei mal eingetragen wurde.
Nach Bild 9.4 ist ein Schwachstellenbericht für Betriebsmittel der Schutzklasse I und II — Oktober bis Dezember 1993 — erstellt. Die Prüfung erfolgte durch ein Elektrofachunternehmen, welches auch für die Beseitigung der Mängel verantwortlich war. Der Schwachstellenbericht ist so aufgebaut, daß auch die Instandsetzungskosten ersichtlich sind. Es ist zu prüfen, ob die instandgesetzten Betriebsmittel weiterhin Schwachstellen aufweisen.
Eine Arbeitskarte für Inspektion und Wartung eines Steuerpultes für eine Fertigungsanlage zeigt Bild 9.5 (auszugsweise). Dabei handelt es sich um Standardtexte nach Tabelle 1 bis 3, Anhang 1.

Firma Maier & Co KG

Schwachstellenbericht Oktober 1993 Mehr als 3 Schäden pro Monat

Fertigungsanlagen BO 1 bis BO 5

KW	Tag	Sch	Anlage	Code-Nr.	ST		BM	SB	IT	Ausf. min.	Summe min.
40	Fr	2	BO 1	001 09	177	Näherungsschalter	S 1	74	102	20	
40	Sa	1	BO 5	005 09	177	Näherungsschalter	S 1	74	102	30	
41	Mi	3	BO 4	004 09	177	Näherungsschalter	S 1	74	102	35	
41	Sa	2	BO 2	002 09	177	Näherungsschalter	S 1	74	102	20	
42	Mo	1	BO 1	001 09	177	Näherungsschalter	S 1	74	102	15	
42	Do	2	BO 3	003 09	177	Näherungsschalter	S 1	74	102	25	
42	Fr	1	BO 1	001 09	177	Näherungsschalter	S 1	74	102	30	
42	Fr	2	BO 5	005 09	177	Näherungsschalter	S 1	74	102	30	
43	Di	3	BO 4	004 09	177	Näherungsschalter	S 1	74	102	25	
43	Do	1	BO 1	001 09	177	Näherungsschalter	S 1	74	102	20	
43	Fr	2	BO 3	003 09	177	Näherungsschalter	S 1	74	102	20	
44	Mo	1	BO 5	005 09	177	Näherungsschalter	S 1	74	102	30	
44	Di	3	BO 2	002 09	177	Näherungsschalter	S 1	74	102	25	325
40	Do	2	BO 2	002 09	080	Fotozelle	B 2	73	004	20	
40	Fr	3	BO 1	001 09	080	Fotozelle	B 2	73	004	25	
40	Sa	1	BO 3	003 09	080	Fotozelle	B 2	73	004	25	
41	Mo	1	BO 4	004 09	080	Fotozelle	B 2	73	004	20	
41	Mi	2	BO 5	005 09	080	Fotozelle	B 2	73	004	20	
41	Do	3	BO 3	003 09	080	Fotozelle	B 2	73	004	35	
42	Di	1	BO 2	002 09	080	Fotozelle	B 2	73	004	25	
43	Mo	1	BO 4	004 09	080	Fotozelle	B 2	73	004	20	
44	Mo	2	BO 5	005 09	080	Fotozelle	B 2	73	004	25	215
40	Do	3	BO 2	002 09	176	Notschalter	S 4	11	005	35	
40	Sa	1	BO 3	003 09	176	Notschalter	S 4	11	005	40	
41	Di	2	BO 1	001 09	176	Notschalter	S 4	11	005	35	
42	Do	3	BO 5	005 09	176	Notschalter	S 4	11	005	30	
43	Fr	1	BO 5	005 09	176	Notschalter	S 4	11	005	40	
43	Di	2	BO 1	001 09	176	Notschalter	S 4	11	005	45	
44	Mi	1	BO 4	004 09	176	Notschalter	S 4	11	005	30	255
40	Fr	3	BO 3	003 09	207	SPS-Baueinheit	D 1	09	140	25	
41	Sa	2	BO 3	003 09	207	SPS-Baueinheit	D 1	09	140	35	
42	Di	2	BO 3	003 09	207	SPS-Baueinheit	D 1	09	140	30	
43	Fr	1	BO 3	003 09	207	SPS-Baueinheit	D 1	09	140	35	
43	Sa	2	BO 3	003 09	207	SPS- Baueinheit	D 1	09	006	45	170
										Summe	965
										rd. h	16

Bild 9.3: Schwachstellenbericht Fertigungsanlagen BO 1 bis BO 5.

Firma Maier & Co KG

Schwachstellenbericht Oktober bis Dezember 1993 — Firma Franz Müller, Elektromeister, Hanau, Industrieweg

Betriebsmittel der Schutzklasse I und II

KW	Tag	Code-Nr.	Betriebsmittel	ST	SB	IT	Mat.DM	Lohn DM	Summe DM	
40	Fr	177 01	Kopiermaschine	072	16	005	15.--	30.--	45.--	
46	Di	177 01	Kopiermaschine	072	16	005	18.--	42.--	60.--	
50	Mo	177 01	Kopiermaschine	072	16	005	12.--	36.--	48.--	
50	Do	177 01	Kopiermaschine	072	16	006	147.--	50.--	197.--	350.--
42	Mo	117 02	Handbohrmaschine	011	22	005	17.30	28.--	45.30	
51	Fr	117 02	Handbohrmaschine	011	22	005	14.20	22.50	36.70	82.--
43	Mo	139 04	Härteofen	215	16	006	138.50	65.20	203.70	
48	Di	139 04	Härteofen	215	16	006	142.30	84.50	226.80	
49	Mi	139 04	Härteofen	215	16	006	139.40	109.20	248.60	
51	Fr.	139 04	Härteofen	202	09	005	28.70	48.--	76.70	755.80
									Summe DM	1.187.80

Bild 9.4: Schwachstellenbericht Betriebsmittel der Schutzklasse I und II.

Bild 9.6 zeigt eine Betriebsmittelliste für Inspektion und Wartung elektrischer Anlagen und Betriebsmittel. Auf diesem PC-Ausdruck können Mängelberichte angekreuzt und mit Ausstellungsdatum versehen werden, wie Beispiel Bild 9.7 zeigt.

X Mängelbericht-Eintragung: 22. 10. 93

X Mängel behoben und Prüfplakette an Betriebsmittel angebracht: 22. 10. 93

Nächste Prüfung April 1994

Der Hinweis auf den nächsten Prüftermin entbindet den Betreiber der Anlage oder des Betriebsmittels nicht von der Pflicht, plötzlich auftretende Mängel sofort beheben zu lassen!
Bild 9.8 zeigt den Jahres-Terminplan für Inspektion und Wartung der elektrischen Anlage eines Fertigungsbetriebes. Der Terminplan ist der Produktionsanlage nach Bild 6.34 und Bild 6.36 entnommen.

A r b e i t s k a r t e Nr. 35

Inspektion und Wartung Fertigungsanlage D 1

Nach Beschreibung und Plan Nr. 0236 - 1

Steuerpult

052 Sicherheitsregeln beachten:
Freischalten. Gegen Wiederein-
schalten sichern. Spannungs-
freiheit feststellen. Erden und
Kurzschließen. Benachbarte, unter
Spannung stehende Teile abdecken
oder abschranken!

053 Sicherheitsschild verwenden!
Nicht einschalten!
Es wird gearbeitet.
Ort:
Entfernen der Tafel nur durch:
Name:

050 Wartungsanleitung des Anlagen-
bezw. Betriebsmittelherstellers
beachten!

051 Meßgeräte müssen DIN-VDE 0413
entsprechen. Bedienungsanleitung
des Meßgeräteherstellers be-
achten!

100 Reinigen Anlage, Betriebsmittel

101 Reinigen Be- und Entlüftung

108 Besichtigen Türverschluß

109 Besichtigen auf Staubablagerung,
Verschmutzung, Beschädigung,
Korrosion, Schwitzwasser

111 Besichtigen Kabel, Leitungen,
Isolierung auf äußere Beschä-
digung, Verfärbung

113 Besichtigen Anschlüsse Schutz-
leiter, Erdungsleiter, Erdungs-
anlage, Potentialausgleich-
leiter

118 Besichtigen Befestigungen
(evtl. Schrauben nachziehen)

u.s.w.

Bild 9.5: Arbeitskarte für Inspektion und Wartung Fertigungsanlage D 1 Steuerpult.

Betriebmittelliste Nr. 10

Firma Maier & Co KG

Frequenz: 6 M

Prüfung elektrischer Anlagen und Betriebsmittel

Abteilung: XY

☒ Eintragung in Mängelbericht, Datum ☒ Prüfplakette erledigt

Codierung:		Betriebsmittel:	Mängelbericht:	Prüfplakette:
001	01	Antriebs-Einheit	0	0
002	01	Bohrmaschine	0	0
003	01	Bandsäge	0	0
004	01	Brennofen	0	0
005	01	Drehstrom - Aggregat	0	0
006	01	Bohrmaschine	0	0
007	02	Rechenmaschine	0	0
008	01	Schreibmaschine	0	0
009	02	Thermometer	0	0
010	01	Tauchpumpe	0	0
011	01	Verlängerungskabel	0	0
012	02	Ladegerät	0	0
		u.s.w.		

Bild 9.6: Betriebsmittelliste für Prüfung elektrischer Anlagen und Betriebsmittel.

Codierung:		Betriebsmittel:	Mängelbericht:	Prüfplakette:
001	01	Antriebs-Einheit	0	☒ 22.10.93
002	01	Bohrmaschine	☒ 22.10.93	☒ 22.10.93
003	01	Bandsäge	0	☒ 22.10.93
				F. Müller

Bild 9.7: Eintragung in Betriebsmittelliste Bild 9.6, nächste Prüfung: April 1994.

Terminplan

Firma Maier & Co KG

Instandhaltung der elektrischen Anlage Fertigungsbetrieb

KW	Tag	Anlage/Betriebsmittel Code-Nr.	Frequenz	Erledigt:	Datum:
02	Mo	D 1 - D 5	M		
06	Mo	D 1 - D 5	M		
07	Mo	Betriebsmittelliste	6M		
10	Mo	D 1 - D 5	M		
11	Sa	A 1 - A 5	3M		
11	Sa	C 1	3M		
12	Sa	E 1 - E 4	3M		
14	Mo	D 1 - D 5	M		
18	Mo	D 1 - D 5	M		
23	Mo	D 1 - D 5	M		
24	Sa	A 1 - A 5	3M		
24	Sa	C 1	3M		
24	Sa	F 1 - F 6	6M		
25	Sa	E 1 - E 4	3M		
25	Sa	B 1 - B 2	6M		
25	Sa	D 1 - D 5	6M		
27	Mo	D 1 - D 5	M		
31	Mo	D 1 - D 5	M		
32	So	Beleuchtung	J		
32	So	Kraftanlage	J		
32	So	Verteilungen	J		
33	Mo	Betriebsmittelliste	6M		
36	Mo	D 1 - D 5	M		
36	So	Trafostation T 4	J		
37	Sa	A 1 - A 5	3M		
37	Sa	C 1	3M		
38	Sa	E 1 - E 4	3M		
40	Mo	D 1 - D 5	M		
45	Mo	D 1 - D 5	M		
49	Mo	D 1 - D 5	M		
50	Sa	A 1 - A 5	3M		
50	Sa	C 1	3M		
50	Sa	F 1 - F 6	6M		
50	Sa	E 1 - E 4	3M		
50	Sa	B 1 - B 2	6M		
50	Sa	D 1 - D 5	6M		

Bild 9.8: Jahres-Terminplan für Inspektion und Wartung der elektrischen Anlagen und Betriebsmittel Fertigungsbetrieb.

10 Instandhalteaufträge, Ausschreibung und Vergabe an Fremdfirmen

Die Betreiber elektrischer Anlagen – auch Klein- und Mittelbetriebe – haben die Möglichkeit, Instandhalteaufträge an Fremdfirmen zu vergeben. Zur Durchführung ist eine detaillierte Festlegung des Leistungsumfanges notwendig.
Die Instandhalteleistungen müssen ansprechbar, klar definiert, und für Auftraggeber und Auftragnehmer kontrollierbar sein. Dazu ist eine entsprechende Instandhalteplanung notwendig, die der Auftragnehmer anzubieten hat. Auftraggeber und Auftragnehmer müssen dabei zum wirtschaftlichen Erfolg beitragen, d. h. die Instandhaltekosten sollen niedriger liegen als die Folgekosten bei Störung der Produktionsanlagen, wobei die Betriebssicherheit der elektrischen Anlage Vorrang haben soll.
Der Betreiber kann seinen Verantwortungsbereich an Fremdfirmen z. B. an konzessionierte Elektrounternehmen übertragen. Die Vergabe der Instandhalteaufträge an das Elektrohandwerk hat für den Betreiber folgende Vorteile:

- Kein Vorhalten eigener, nicht voll ausgelasteter Elektrofachkräfte.
- Verlagerung der Verantwortung auf den Auftragnehmer.
- Reduzierung des Sicherheitsrisikos bei Nutzung von Fremdpersonal.
- Einsatz qualifizierter Elektrofachkräfte mit entsprechender Ausrüstung (Prüf- und Meßeinrichtungen).
- Auftragsvergabe zu Festpreisen an den preisgünstigsten Bieter.

Beispiel 1: Instandhaltearbeiten können beispielsweise mit einem Blankett angefragt und vergeben werden. Das nachfolgend gewählte Beispiel 1 beschreibt die Instandhaltung einer Elektroanlage eines mittelständigen Unternehmens mit firmeneigener Transformatorenstation.
Bild 10.1 zeigt den Lageplan der Fabrikanlage mit Angabe der Verteilungen und Plazierung der Transformatorenstation.

A = Verwaltung,
B = Sozialtrakt
C bis E = Produktionsanlagen
HV 1 = NS – Hauptverteilung
UV 1 = NS – Unterverteilung Verwaltung
UV 2 = NS – Unterverteilung Beleuchtung Fabrikhalle D
UV 3 = NS – Unterverteilung Sozialtrakt
UV 4 = NS – Unterverteilung Hallenbereich C
UV 5 = NS – Unterverteilung Hallenbereich D und E
UV 6 = NS – Unterverteilung Hallenbereich D

Bild 10.2 zeigt den einpoligen Schaltplan der Trafostation mit Verteilungen 400 Volt Drehstrom, 50 Hz, und Potentialausgleich.

Netzart: HV 1 = TNC
UV 1 bis UV 6 = TNS

Bild 10.3 zeigt den Terminplan für die Titel 1 bis 7, die im Blankett ausgeschrieben sind. Bei Titel 4 und 5 kann auch die »zustandsabhängige Instandhaltung« Anwendung finden. Notwendige Instandsetzungsarbeiten können über Auftragsformular, Bild 10.4 abgerechnet werden (siehe Blankett-Erläuterungen).

Bild 10.5 gibt den Grundriß der Fertigungsanlage D1 mit der Liste für Anlagen und Betriebsmittel wieder.

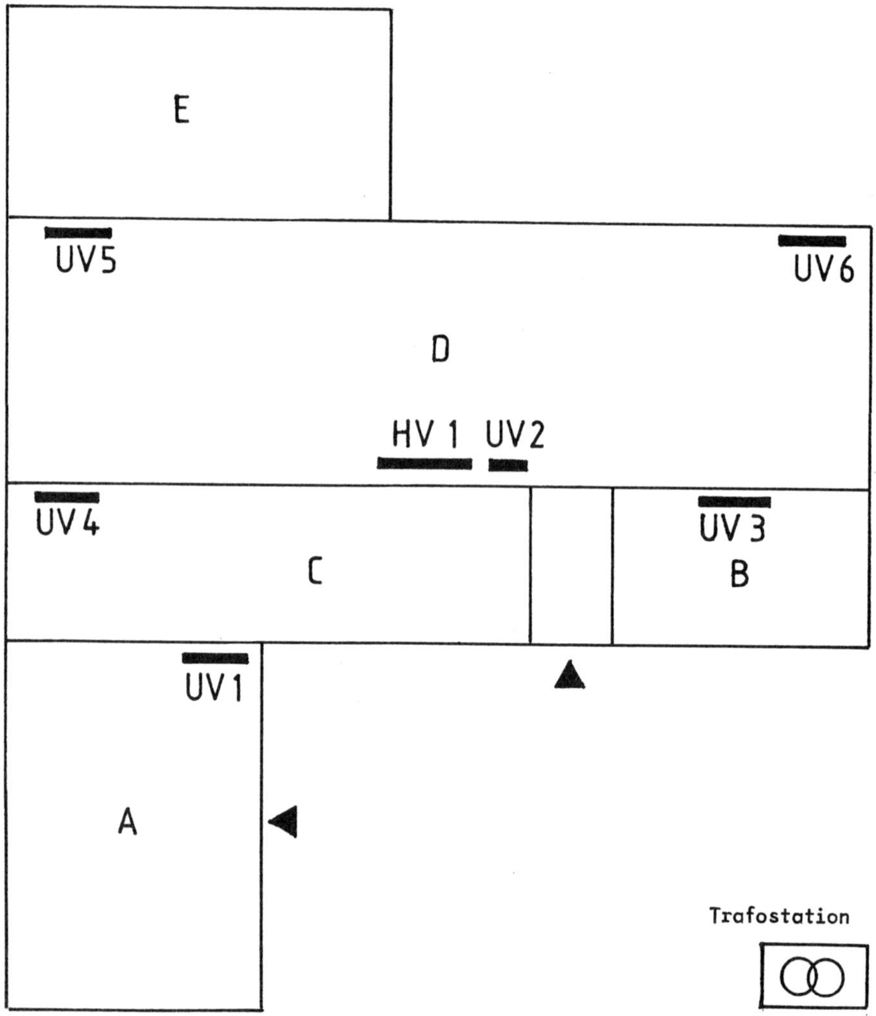

Bild 10.1: Fabrikanlage, Lageplan für Verteilungen, Instandhalteplanung.

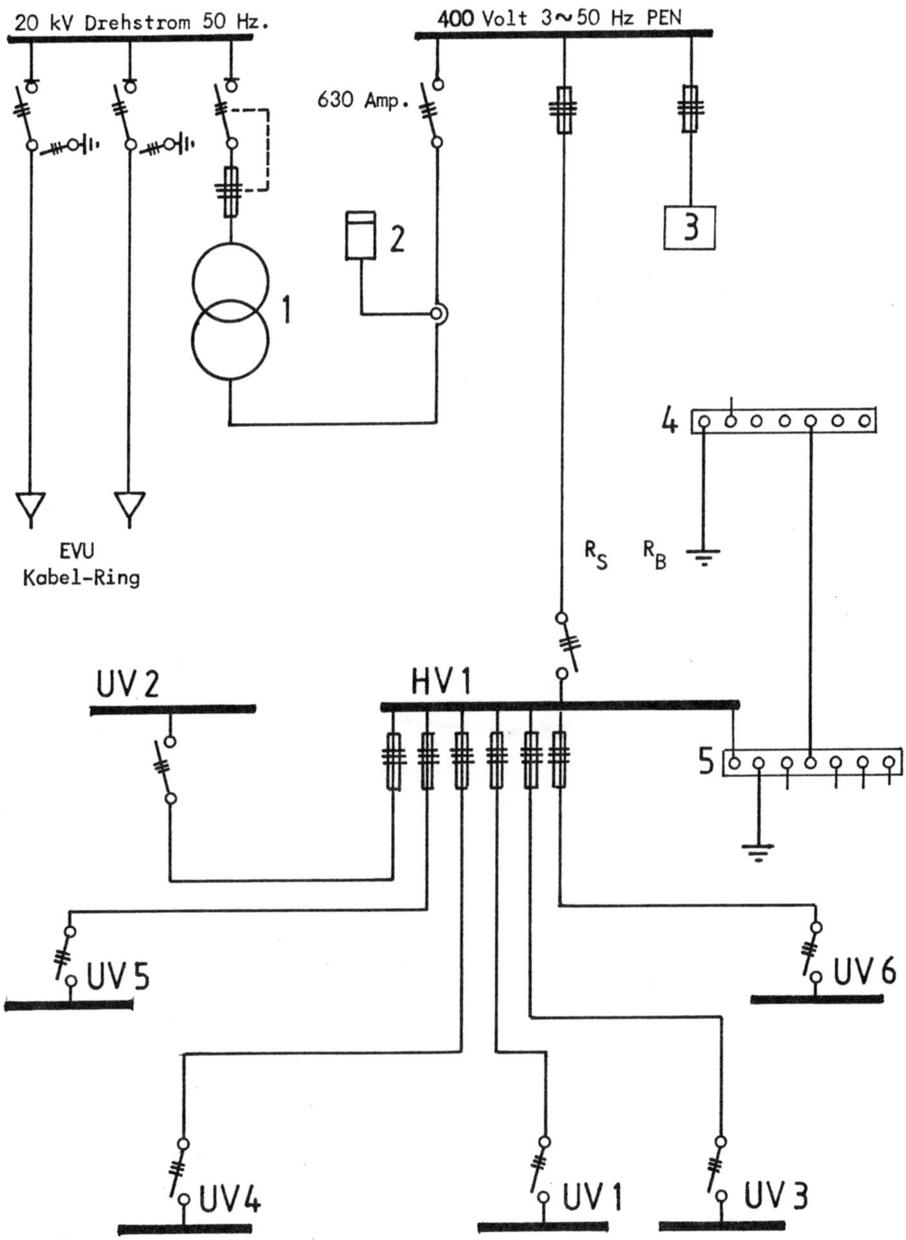

Bild 10.2 Transformatorenstation 20/0,4 kV, 400 kVA, mit Verteilerplan
1 = Trafo 400 kVA, Dyn 5, u_k = 4 %, 2 = Messung EVU,
3 = automatische Blindstrom-Kompensationsanlage 100 kVar,
4 = Potentialausgleichschiene Trafostation,
5 = Potentialausgleichschiene Hauptverteilung mit Fundamenterder.

T e r m i n p l a n

Fabrikanlage Firma XYZ

Inspektion und Wartung elektrischer Anlagen und Betriebsmittel

KW	Tag	Anlage/Betriebsmittel	Titel	Frequenz	Erledigt:	Datum:
02	Mo	Betriebsmittel I	6	3 M		
02	Mo	Betriebsmittel II	7	6 M		
02	Sa	Fabrikationsmaschinen	4	3 M		
15	Mo	Betriebsmittel I	6	3 M		
15	Sa	Fabrikationsmaschinen	4	3 M		
28	Mo	Betriebsmittel I	6	3 M		
28	Mo	Betriebsmittel II	7	6 M		
28	Sa	Fabrikationsmaschinen	4	3 M		
36	Sa	Trafostation 400 kVA	1	J		
36	Sa	Ölprüfung Trafo 400 kVA	2	3 J		
37	Sa	NS - Verteilungen	3	2 J		
37	Sa	Beleuchtungsanlage	5	J		
41	Mo	Fabrikationsmaschinen	4	3 M		
41	Sa	Betriebsmittel I	6	3 M		

Bild 10.3: Terminplan.

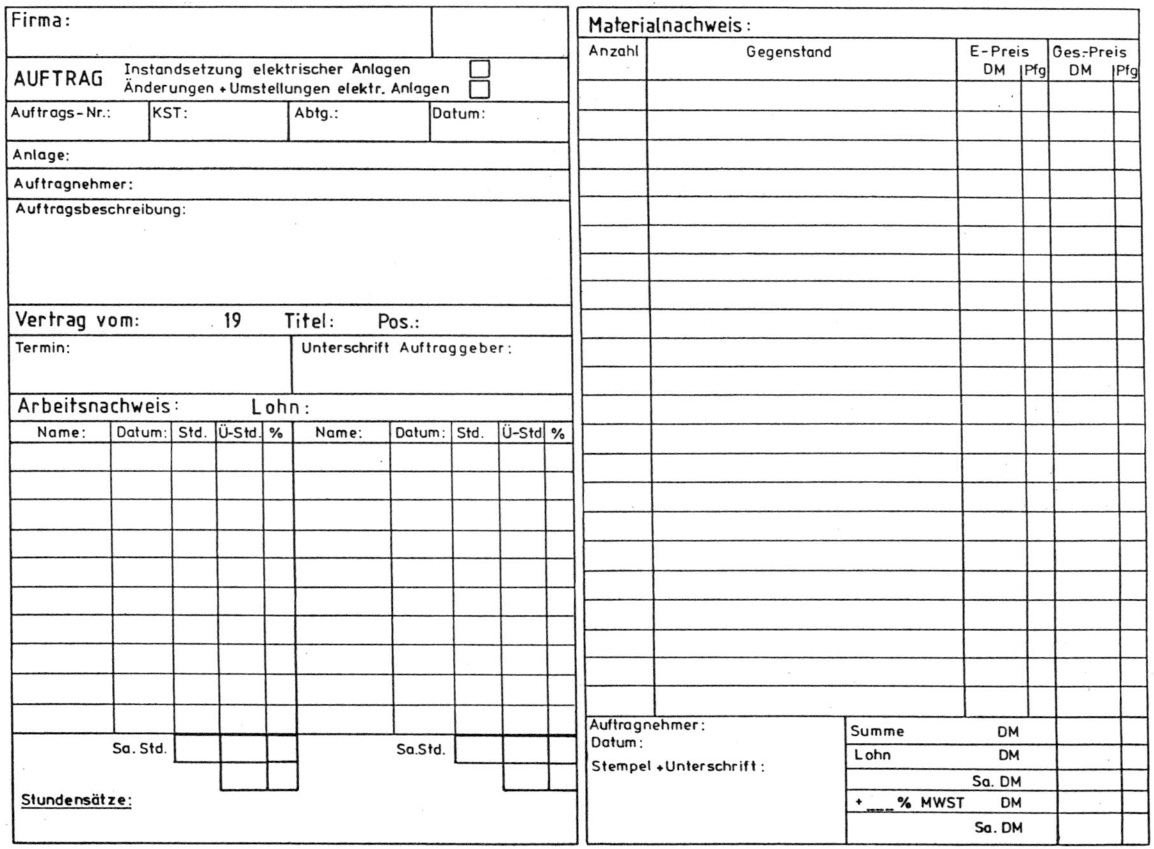
Firma:

AUFTRAG Instandsetzung elektrischer Anlagen ☐ Änderungen + Umstellungen elektr. Anlagen ☐

Auftrags-Nr.: KST: Abtg.: Datum:

Anlage:

Auftragnehmer:

Auftragsbeschreibung:

Vertrag vom: 19 Titel: Pos.:

Termin: Unterschrift Auftraggeber:

Arbeitsnachweis: Lohn:

Name:	Datum:	Std.	Ü-Std.	%	Name:	Datum:	Std.	Ü-Std	%
Sa. Std.					Sa.Std.				

Stundensätze:

Materialnachweis:

Anzahl	Gegenstand	E-Preis DM	E-Preis Pfg	Ges.-Preis DM	Ges.-Preis Pfg

Auftragnehmer:
Datum:
Stempel + Unterschrift:

Summe	DM	
Lohn	DM	
	Sa. DM	
+ ___ % MWST	DM	
	Sa. DM	

Bild 10.4: Auftragsformular für Instandsetzung elektrischer Anlagen und Betriebsmittel, incl. Änderungen und Umstellungen

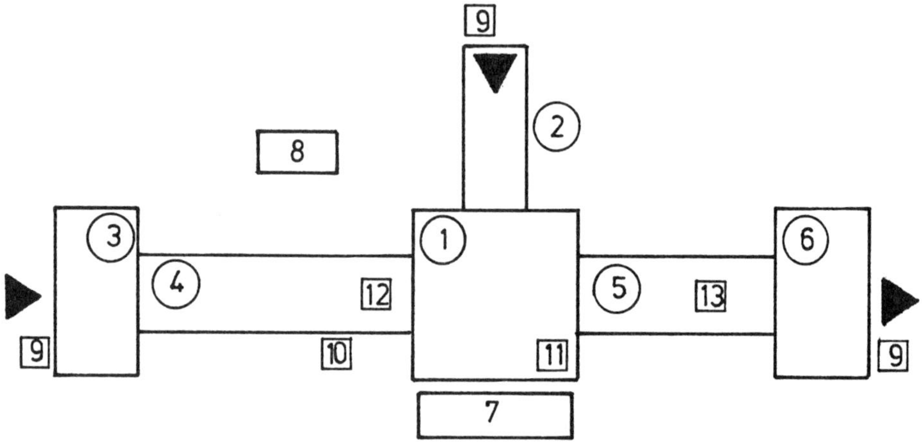

Pos.	Anlage / Betriebsmittel:	Pos.	Anlage / Betriebsmittel:
1	DKL - Motor M 1, 22 kW	8	Steuerpult
2	DKL - Motor M 2, 0,37 kW	9	NOT - Ausschalter
3	DKL - Motor M 3, 5,5 kW	10	Oelhydraulik - Anlage
4	DKL - Motor M 4, 2,2 kW	11	Oelhydraulik - Anlage
5	DKL - Motor M 5, 2,2 kW	12	Temperaturüberwachung
6	DKL - Motor M 6, 5,5 kW	13	Zählvorrichtung
7	Schaltschrank		

Bild 10.5: Fertigungsanlage D 1.

BLANKETT

über Inspektion und Wartung elektrischer Anlagen und Betriebsmittel nach Leistungsverzeichnis mit Prüfung und Messung des Gefahrenschutzes.

Beschreibung der Anlage:

Transformatorenstation 400 kVA, 20/0,4 kV,

nach Plan (Bild 10.2)

Fabrikanlage nach Lageplan (Bild 10.1) mit Verteilungen
400 Volt Drehstrom, 50 Hz,

Auftraggeber: ....

Abgabetermin: ....

Abgabeort: ....

Erläuterungen zum Leistungsverzeichnis:

1. Allgemeine Angaben:

Betriebsspannung Drehstrom 20 kV, 50 Hz, Ringeinspeisung EVU.

Name und Anschrift EVU:.......................................

Niederspannungsnetz: 400 Volt Drehstrom, 50 Hz, PEN,

Netzart: HV 1 = TNC, UV 1 bis 6 = TNS

Schaltpläne: ....

2. Beschreibung des Auftragsumfanges:

Der Auftragnehmer übernimmt die Inspektion und Wartung der elektrischen Anlage wie im Leistungsverzeichnis beschrieben. Dazu gehören auch notwendige Instandsetzungsarbeiten, sowie die Prüfung und Messung des Gefahrenschutzes.

Ausführung nach Terminplan (Bild 10.3)

Sämtliche Arbeiten sollen möglichst zusammenhängend erledigt werden, da Stromabschaltungen nur zu vorher festgesetzten Zeiten möglich sind und mit dem Auftraggeber abgesprochen werden müssen.

Mögliche Stromabschaltungen:..............................

....

Die Ausführung der Instandhaltetätigkeiten müssen in Verbindung mit den Wartungsvorschriften der jeweiligen Anlagen- und Betriebsmittelhersteller erfolgen.

Durch diese Instandhaltetätigkeiten soll der Abnutzungsvorrat der Anlagen verbessert werden.

3. Hinweise auf Sicherheitsvorschriften:

Der Auftragnehmer hat folgende Vorschriften und Bestimmungen zu beachten:

- VDE - Bestimmungen,
- Sicherheitsregeln nach VDE 0105 und VBG 4, § 6, Abs. 4 *)
- Unfallverhütungsvorschriften BG,
- Vorschriften des zuständigen EVU,
- Polizeiliche Vorschriften,
- Vorschriften der Anlagen- und Betriebsmittel-Hersteller,

---

*) Freischalten,
Gegen Wiedereinschalten sichern,
Spannungsfreiheit feststellen,
Erden und Kurzschliessen,
Benachbarte, unter Spannung stehende Teile abdecken oder abschranken!

- Sicherheitsschild verwenden!
- Nach Erledigung der Arbeiten Betriebszustand wieder herstellen!

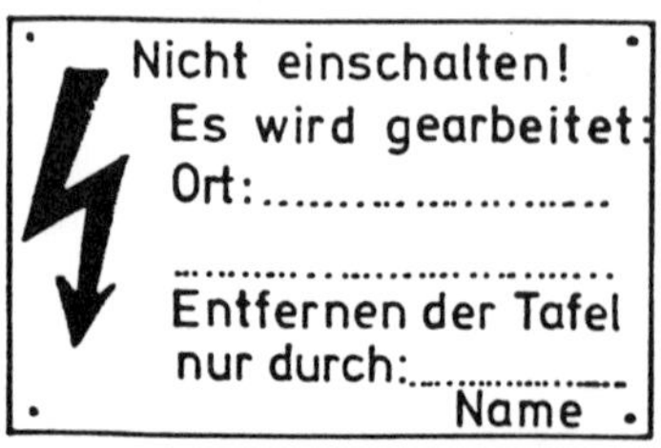

Notwendige Abschaltungen der NS-Anlage und der Mittelspannungsanlage hat der Auftragnehmer vorher mit dem zuständigen EVU und dem Auftraggeber abzusprechen.

4. Inspektion:

Erfassen und Beurteilen des Istzustandes einer Anlage oder eines Betriebsmittels.
Überwachen, Kontrollieren, Prüfen und Messen.

Besichtigen elektrischer Anlagen auf äußerlich erkennbare Schäden an Betriebsmitteln, Geräten, Leitungen, Kabel etc.

Besichtigen auf sichtbare Fehler und Prüfung auf Einhaltung der VDE - Bestimmungen.

Erproben der Anlagen und Betriebsmittel auf Funktion und Wirksamkeit.

Messen, um eine Beurteilung der Schutzmaßnahmen zu ermöglichen.

Besichtigen, Erproben und Messen nach VDE 0105, Teil 1.

5. Wartung:

Bewahren des Sollzustandes durch Ersetzen und Ergänzen von Teilen an Anlagen und Betriebsmitteln.

Reinigen, Pflegen, Justieren, Ein- und Nachstellen, Schmieren,

Reinigung und Reinigungsmittel: Schaltanlagenreinigung, Reinigung der Isolierteile.
Staubablagerungen mit trockenem Putzlappen abreiben.
Reinigungen von anderweitigen Verschmutzungen, die mit trockenem Putzlappen nicht gereinigt werden können, mit mildem Waschmittel (wie Hausgebrauch) durchführen. Keine Lösungs- und Entfettungsmittel einsetzen!

Plexiglasfenster abwischen! Nur mit lauwarmem Seifenwasser und Viskoseschwamm reinigen.

Reinigungsgeräte: Besen, Pinsel, Putzlappen, Staubsauger.

6. Instandsetzung:

Beseitigen der Mängel durch Wiederherstellung des Sollzustandes.

Nach den VDE - Bestimmungen sind auch Mängel zu beseitigen, die die Sicherheit der elektrischen Anlage beeinträchtigen, wenn die Anlage sich nicht im ordnungsgemäßen Zustand befindet.
Instandsetzungsarbeiten sind im Leistungsumfang der Ausschreibung nicht enthalten. Material- und Lohnkosten werden nach Aufwand abgerechnet.

Um die Instandsetzungskosten pro Anlage monatlich erfassen zu können, sind Instandsetzungsarbeiten grundsätzlich über **Auftragsformulare (Bild 10.4)** abzurechnen. Die Auftragserteilung erfolgt jeweils durch den Auftraggeber.

Unterschriftsberechtigt sind die Herren:.......................

....

Der Auftragnehmer muß sämtliche Materialien und Ersatzteile am Ort vorrätig halten. Ein abschließbarer Raum wird kostenlos zur Verfügung gestellt.

Material- und Ersatzteilumfang und deren Einlagerung werden zwischen Auftraggeber und Auftragnehmer festgelegt.
Eine verbindliche Preisliste ist vom Auftragnehmer anzufertigen und dem Auftraggeber zur Genehmigung vorzulegen.

Die festgestellten Schäden und Mängel sind in Mängelberichten **Formular Nr. 5, Anhang 2 einzutragen.**

7. Umfang der Leistungen:

Der Leistungsumfang ergibt sich aus dem Leistungsverzeichnis **Titel 1 bis 7 (siehe auch Terminplan Bild 10.3)**

Die anzugebenden Einzelpreise müssen die Ausführung aller beschriebenen Arbeiten mit allen Nebenleistungen, schriftlichen Ausarbeitungen, Auslösungen, Überstundenzuschlägen, Fahrtkosten, Rüstmaterial und Transportkosten frei Fabrikanlage **enthalten.**
Die Bereitstellung von Werkzeugen und Meßeinrichtungen gehören ebenfall zu den Leistungen des Auftragnehmers und werden nicht besonders vergütet.

Es wird empfohlen, sich vor Preisabgabe über die Bedingungen der Fabrikanlage und die entsprechenden technischen Voraussetzungen zur Durchführung der angebotenen Arbeiten zu informieren, da alle Positionen in fix und fertiger Arbeit, auch einschließlich nicht ausdrücklich beschriebener Nebenleistungen zu kalkulieren sind.

Die Laufzeit des Vertrages beträgt ....Jahre.

Besondere Abmachungen über Lohn- und Materialpreiserhöhungen:

....

....

Es darf nur VDE -geprüftes Material verwendet werden.

Die Ausführung der Arbeiten muß den VDE-Bestimmungen entsprechen.

8. Prüfungen und Messungen:

Die im Leistungsverzeichnis aufgeführten Messungen dürfen nur mit Meßgeräten ausgeführt werden, die VDE 0413 bezw. 0701 entsprechen.

Vom Auftragnehmer sind Formulare zu verwenden, die **Anhang 2** entsprechen.

Formulare entsprechend vorschreiben:........................

....

Alle Protokolle und Berichte sind vom Auftragnehmer rechtsverbindlich zu unterschreiben und dem Auftraggeber auszuhändigen.

9. Terminplanung und Gesamtorganisation:

Terminplan, Terminplanführung, Schwachstellen - Untersuchungen, und sonstige mit dem Auftrag verbundene schriftliche Arbeiten gehören ebenfalls zu den Leistungen des Auftragnehmers und werden nicht besonders vergütet.

Die notwendige Bereitstellung von Elektrofachkräften für einen reibungslosen Arbeitsablauf ist Aufgabe des Auftragnehmers.

Leistungsverzeichnis

Lfd. Nr.	Stück-zahl	Gegenstand	Preis je Einheit DM	Preis je Einheit Pf	Betrag DM	Betrag Pf
		Titel 1: Inspektion und Wartung Trafostation 20/0,4 kV, 400 kVA				
1.1	1	Stück Transformator 20/0,4 kV, 400 kVA mit Zubehör, Besichtigen auf Staubablagerung, Verschmutzung, Beschädigung und Korrosion,				
		Besichtigen Trafokessel und Zubehör auf Dichtheit. Evtl. Dichtungsschrauben nachziehen.				
		Reinigen Transformator, Durchführungen und Zubehör.				
		Reinigen Boxe, Be- und Entlüftung.				
		Anschlußschienen und Kabelanschlüsse im Trafobereich Schrauben und Klemmen anziehen.				
		Besichtigen Befestigung, evtl. Schrauben nachziehen.				
		Besichtigen Leitungen, Kabel, Isolierung auf äußere Beschädigung, Verfärbung.				
		Besichtigen Schutzleiter, Erdungsleiter, Potentialausgleichleiter und deren Anschlüsse.				
		Besichtigen Türen und Türverschlüsse.				
		Besichtigen Oelstand, (bei Oelverlust trockenes Oel nachfüllen, VDE 0370)				
1.2		Mittelspannungsanlage Reihe 20, bestehend aus:				
	2	Stück Lasttrennschalter Reihe 20, kompl. mit Schnellerdungsschalter,				
	1	Stück Lasttrennschalter Reihe 20, mit angebauten HH - Sicherungen einschl. Gestängeauslösung.				
		Besichtigen Schaltanlage und Zubehör auf Staubablagerung, Verschmutzung, Beschädigung und Korrosion.				
		Reinigen Schaltanlage.				
		Reinigen Raum, Be- und Entlüftung.				
		Übertrag				

Lfd. Nr.	Stück-zahl	Gegenstand	Preis je Einheit DM	Preis je Einheit Pf	Betrag DM	Betrag Pf
		Übertrag				
		Anschlußschienen und Kabelanschlüsse im Schaltanlagenbereich Schrauben und Klemmen anziehen.				
		Besichtigen Befestigungen, evtl. Schrauben nachziehen.				
		Besichtigen Leitungen, Kabel, **Isolierung** auf äußere Beschädigung, Verfärbung.				
		Besichtigen Isolatoren, Durchführungen etc.				
		Besichtigen Berührungsschutz.				
		Besichtigen Schalterkontakte auf Abbrand, Beschädigung und Korrosion.				
		Erproben Schalter incl. Gestängeantriebe.				
		Besichtigen auf richtige Absicherung.				
		Besichtigen Schutzleiter, Erdungsleiter, Potentialausgleichleiter und deren Anschlüsse.				
		Besichtigen Kabelendverschlüsse. Besichtigen Türen und Türverschlüsse.				
		Reinigen Schaltraum.				
1.3		Niederspannungs-Schaltanlage **400 Volt** Drehstrom, 50 Hz, bestehend aus:				
	2	Stück NS - Abgänge NH 3, kompl.				
		Sammelschienen - System,				
	1	Stück NS - Leistungsselbstschalter 3x630 A. kompl. mit Überlast- und Kurzschlußschnellauslösung.				
	1	Stück Meßeinrichtung EVU.				
		Besichtigen Schaltanlage und Zubehör auf Staubablagerung, Verschmutzung, Beschädigung und Korrosion.				
		Übertrag				

Lfd. Nr.	Stück-zahl	Gegenstand	Preis je Einheit DM	Preis je Einheit Pf	Betrag DM	Betrag Pf
		Übertrag				
		Reinigen Schaltanlage.				
		Reinigen Raum, Be- und Entlüftung.				
		Besichtigen Kanalsystem auf Verschmutzung und Feuchtigkeit.				
		Anschlußschienen und Kabelanschlüsse im Schaltanlagenbereich Schrauben und Klemmen anziehen.				
		Besichtigen Befestigungen, evtl. Schrauben nachziehen.				
		Besichtigen Leitungen, Kabel, Isolierung auf äußere Beschädigung, Verfärbung.				
		Besichtigen Isolatoren, Durchführungen etc.				
		Besichtigen Berührungsschutz.				
		Besichtigen Schalterkontakte auf Abbrand, Beschädigung und Korrosion.				
		Erproben Schalter.				
		Besichtigen richtige Absicherung der Schutzorgane, richtige Einstellung.				
		Besichtigen Schutzleiter, Erdungsleiter, Potentialausgleichleiter und deren Anschlüsse.				
		Besichtigen Kabelendverschlüsse.				
		Besichtigen Türen und Türverschlüsse.				
		Reinigen Schaltraum.				
		Besichtigen Meßeinrichtung und Zubehör auf Staubablagerung, Verschmutzung, Beschädigung und Korrosion.				
		Reinigen Meßeinrichtung.				
		Besichtigen Einrichtungen der Unfallverhütung, Brandbekämpfung, Sicherheitsschilder, Schutzwerkzeuge, Körperschutzmittel etc. Erdungs- und Kurzschließgeräte, Schaltpläne, Gebrauchs- und Betriebsanleitungen.(Mittel- und NS-Anlage).				
		Übertrag				

Lfd. Nr.	Stück-zahl	Gegenstand	Preis je Einheit DM	Preis je Einheit Pf	Betrag DM	Betrag Pf
		Übertrag				
1.4		Blindstrom - Kompensationsanlage **400 Volt** Drehstrom, 50 Hz, 100 kVar, bestehend aus:				
		Automatiksteuerung, 5 Stufen a- 20 kVar, kompl. mit allem Zubehör.				
		Besichtigen auf Staubablagerung, Verschmutzung, Beschädigung und Korrosion.				
		Reinigen der Anlage.				
		Besichtigen Dichtheit der Kondensatoren.				
		Reinigen Be- und Entlüftung.				
		Besichtigen Kabel, Leitungen, Isolierung auf äußere Beschädigung, Verfärbung.				
		Anschlußschienen, Kabel- und Leitungsanschlüsse Schrauben und Klemmen anziehen.				
		Besichtigen Befestigungen, evtl. Schrauben nachziehen.				
		Besichtigen Berührungsschutz.				
		Besichtigen Schalter- und Schützkontakte auf Abbrand, Beschädigung und Korrosion.				
		Besichtigen richtige Absicherung.				
		Besichtigen Schutzleiter, Erdungsleiter, Potentialausgleichleiter und deren Anschlüsse.				
		Besichtigen Kabelendverschlüsse.				
		Besichtigen und Erproben der Anlage.				
		Bedienungsanleitung beachten, richtige cos.-phi-Einstellung, evtl nachstellen.				
1.5		Gebäude und Kanalsystem Trafostation:				
		Besichtigen auf Undichtheiten, Feuchtigkeit, Wasserschäden und sonstige Beschädigungen, Korrosion, Rost.				
		Reinigen.				
1.6		Messungen:				
		Isolationswiderstandsmessung				
		Übertrag				

Lfd. Nr.	Stück-zahl	Gegenstand	Preis je Einheit DM	Preis je Einheit Pf	Betrag DM	Betrag Pf
		Übertrag				
		Erdungsmessung R_S R_B Niederohmige Messung (Schutzleiter, Erdungsleiter, Potentialausgleichleiter, Erdungsanlage).				
		Summe Titel 1 DM				
		Titel 2: Oelprüfung Transformator 400 kVA				
		Oelprobe **mit** peinlichster Sorgfalt und Sauberkeit dem Kessel entnehmen. Untersuchung des Oeles auf Alterung, Feuchtigkeit und elektrische Eigenschaften nach VDE 0370. Prüfprotokoll an Auftraggeber geben!				
		Summe Titel 2 DM				
		Titel 3: Inspektion und Wartung NS - Verteilungen mit Zuleitungen und Abgängen				
3.1	1	Stück Hauptverteilung HV 1, schutzisoliert, isolierstoffgekapselt, Schutzklasse II, 400 Volt Drehstrom, 5o Hz, 400 Ampere, bestehend aus: Sammelschienensystem 400 Amp. kompl. mit Klemmen und Zubehör, 1 Stück NS-Leistungstrennschalter 3 x 400 A, mit Handantrieb, 3 Stück Sicherungsabgänge NH 1, 3 Stück Sicherungsabgänge NH 2 und 5 Stück Sicherungsabgänge NH 0, Besichtigen auf Staubablagerung, Verschmutzung, Beschädigung, Korrosion, Schwitzwasser. Besichtigen auf Dichtheit. Reinigen der Verteilung.				
		Übertrag				

Lfd. Nr.	Stück-zahl	Gegenstand	Preis je Einheit DM	Pf	Betrag DM	Pf
		Übertrag				
		Besichtigen Kabel, Leitungen, Isolierung, auf äußere Beschädigung, Verfärbung. Besichtigen Anschlüsse Schutzleiter, Potentialausgleich. Besichtigen Kabelendverschlüsse und Zuleitungskabel. Besichtigen Sammelschienen, Anschluß-schienen, Kabel, Leitungen, evtl. Schrauben nachziehen. Besichtigen richtige Absicherung der Schutzorgane. Besichtigen richtige Leiterquerschnitte. Besichtigen Isolierung der aktiven Teile, Schutz durch Abdeckung oder Umhüllung. Besichtigen Schutzorgane auf Beschädigung, Verfärbung und Korrosion. Besichtigen Schalterkontakte auf Abbrand, Beschädigung, Korrosion. Erproben Schalter. Besichtigen Leitungsabgänge bis Verbraucher. Besichtigen Installation auf äußere Be-schädigung. Besichtigen richtige Kennzeichnung der Abgänge (Beschriftung).				
3.2	1	Stück Unterverteilung UV 1, für Wandeinbau, in schutzisolierter Ausführung, 400 Volt Drehstrom, 50 Hz, mit 5 Sammelschienen 63 Ampere, und Hauptschalter 3x63 Amp., 10 Stück Sicherungsautomaten 10 Amp. L, 2 " " " 3x20 Amp. G, Instandhaltetätigkeiten wie Pos. 3.1 beschrieben.				
		Übertrag				

Lfd. Nr.	Stück-zahl	Gegenstand	Preis je Einheit		Betrag	
			DM	Pf	DM	Pf
		Übertrag				
3.3	1	Stück Unterverteilung UV 2, wie Pos. 3.1 beschrieben, jedoch mit 5 Sammelschienen 63 Amp., Hauptschalter 3x63 Amp., 5 Stück Sicherungsautomaten L 10 Amp., 5 " Ausschalter 10 Amp, Instandhaltetätigkeiten wie Pos. 3.1 beschrieben.				
3.4	1	Stück Unterverteilung UV 3, wie Pos. 3.2 beschrieben. Instandhaltetätigkeiten wie Pos. 3.1 beschrieben.				
3.5	1	Stück Unterverteilung UV 4, wie Pos. 3.1 beschrieben, jedoch mit 5 Sammelschienen 200 Ampere, Hauptschalter 3x200 Amp, 3 Stück Sicherungsautomaten L 10 Amp., 4 " " " G 3 x 20 Amp. 4 " Sicherungsabgänge 3 x NH 00, 2 " " " 3 x NH 0, Instandhaltetätigkeiten wie Pos. 3.1 beschrieben.				
3.6	1	Stück Unterverteilung UV 5, wie Pos. 3.1 beschrieben, jedoch mit 5 Sammelschienen 200 Ampere, Hauptschalter 3x200 Amp, 5 Stück Sicherungsabgänge 3 x NH 00, 4 " " " 3 x NH 0, 4 " " " 3 x NH 1, Instandhaltetätigkeiten wie Pos. 3.1 beschrieben.				
3.7	1	Stück Unterverteilung UV 6, wie Pos. 3.1 beschrieben, jedoch mit 5 Sammelschienen 200 Ampere, Hauptschalter 3x200 Amp., 4 Stück Sicherungsabgänge 3 x NH 00, 3 " " " 3 x NH 0, 4 " " " 3 x NH 1. Instandhaltetätigkeiten wie Pos. 3.1 beschrieben.				
		Übertrag				

Lfd. Nr.	Stück-zahl	Gegenstand	Preis je Einheit DM	Preis je Einheit Pf	Betrag DM	Betrag Pf
		Übertrag				
3.8		Messungen HV 1 und UV 1 bis 6 Isolationswiderstandmessungen nach VDE 0105, Teil 1 Zuleitungen und Abgänge. Niederohmige Messung Schutzleiter, Potentialausgleichleiter, Fundamenterder, Wasserleitung, PEN-Anschluß, sonstige Rohrleitungen etc. (VDE 0100) Messung der niederohmigen Verbindungen von Verteiler bis Betriebsmittel. Schleifenwiderstandsmessungen (Stichprobenmessungen). Max. zulässige Werte nach VDE 0100, Teil 600.				
		Summe Titel 3 DM				
		Titel 4: Inspektion und Wartung ortsfeste Betriebsmittel, Fabrikationsmaschinen (Es wird nur eine Anlage als Beispiel beschrieben)				
4.1		Schaltschrank für Fabrikationsanlage D 1 (Pos. 7, Bild 10.5) Besichtigen des Schaltschrankes auf Staubablagerung, Verschmutzung, Beschädigung und Korrosion. Reinigen des Schaltschrankes von innen und von außen. Reinigen der Be- und Entlüftung. Besichtigen Schrankverschluß und Türverschluß. Besichtigen Kabel, Leitungen, Isolierung auf äußere Beschädigung, Verfärbung, Besichtigen Sammelschienen, Anschlußschienen, Kabel, Leitungen, (Evtl. Schrauben nachziehen).				
		Übertrag				

Lfd. Nr.	Stück-zahl	Gegenstand	Preis je Einheit DM	Pf	Betrag DM	Pf
		Übertrag				
		Besichtigen Klemmleisten (Evtl. Schrauben nachziehen).				
		Besichtigen Befestigungen Geräte, Bauteile etc. (evtl. Schrauben nachziehen).				
		Besichtigen Abdeckungen und Berührungs-schutz.				
		Besichtigen Kabelendverschlüsse.				
		Besichtigen Relais-und Schütz - Kontakte auf Abbrand, Beschädigung, freie Bewegung, Kontaktdruck, Korrosion.				
		Besichtigen Schalter auf freie Bewegung, Kontakte auf Abbrand, Korrosion.				
		Besichtigen Berührungsschutz.				
		Besichtigen Anschlüsse Schutzleiter, Erdungsleiter, Potentialausgleichleiter,				
		Besichtigen richtige Absicherung der Schutzorgane, richtige Einstellung der thermischen Auslösungen.				
		Besichtigen Überwachungseinrichtungen, richtige Einstellung.				
		Besichtigen richtige Kennzeichnung der Anlage entspr. den Errichtungsvorschriften.				
		Besichtigen NH - Sicherungskontakte auf Abbrand, Beschädigung, Korrosion und Verfärbung.				
		Besichtigen Schutzorgane auf Beschädigung, Verfärbung und Korrosion.				
		Besichtigen Schaltschrank nach Feuchtig-keit, Kanalsystem.				
4.2		<u>Steuerpult für Fabrikationsanlage D 1</u> (Pos. 8, Bild 10.5)				
		Besichtigen Steuerpult auf Staubablagerung, Verschmutzung, Beschädigung und Korrosion.				
		Übertrag				

Lfd. Nr.	Stück-zahl	Gegenstand	Preis je Einheit DM	Pf	Betrag DM	Pf
		Übertrag				
		Reinigen des Steuerpultes von innen und von außen.				
		Reinigen der Be- und Entlüftung.				
		Besichtigen Verschluß.				
		Besichtigen Kabel, Leitungen, Isolierung auf äußere Beschädigung, Verfärbung,				
		Besichtigen Klemmleisten (evtl. Schrauben nachziehen).				
		Besichtigen Befestigungen Geräte, Bauteile etc. (evtl. Schrauben nachziehen.				
		Besichtigen Abdeckungen, Berührungsschutz.				
		Besichtigen Schalter, Betätigungselemente, Signalleuchten, Beschriftungen etc.				
		Besichtigen richtige Kennzeichnung der Anlage entspr. den Errichtungsvorschriften.				
4.3		Antriebe und Installation für Fabrikationsanlage D 1, Bild 10.5				
		Besichtigen der Anlage auf Staubablagerung, Verschmutzung, Beschädigung und Korrosion.				
		Reinigen der Anlage.				
		Besichtigen der Antriebe, Installation, Schalter, Abzweigdosen, Abzweigkästen, Steckdosen, Betätigungselemente etc. auf äußere Beschädigung.				
		Besichtigen Kabel, Leitungen, Isolierung auf äußere Beschädigung, Verfärbung.				
		Besichtigen Befestigungen Geräte, Bauteile, Motoren etc. (evtl. Schrauben nachziehen).				
		Besichtigen Abdeckungen und Berührungsschutz.				
		Besichtigen Anschlüsse Schutzleiter, Erdungsleiter, Potentialausgleichleiter.				
		Besichtigen richtige Kennzeichnung der Anlage entspr. den Errichtungsvorschriften.				
		Übertrag				

Lfd. Nr.	Stück-zahl	Gegenstand	Preis je Einheit DM	Preis je Einheit Pf	Betrag DM	Betrag Pf
		Übertrag				
		Besichtigen Anlage auf Feuchtigkeit, Kanalsystem etc.				
		Inspektion und Wartung Motoren und Geräte nach Wartungsanleitungen Hersteller.				
4.4		Messen und Erproben Gesamtanlage D 1				
		Isolationswiderstandsmessungen nach VDE 0105, Teil 1 (siehe Abschnitt 8.1)				
		Zuleitungen und Abgänge Schaltschrank, Steuerpult und Betriebsmittel.				
		Niederohmige Messung und Messung elektr. Ausrüstung von Maschinen nach VDE 0113. (siehe Abschnitt 8.7).				
		Erproben Gesamtanlage (funktionell und sicherheitstechnisch).*)				
		Summe Titel 4 DM				
		*) Bei der Erprobung ist die Bedienungsanleitung des Anlagenherstellers zu beachten!				
		Titel 5: Inspektion und Wartung Beleuchtungsanlage (Reinigung):				
		(Es wird nur eine Beleuchtungsanlage als Beispiel beschrieben).				
		4 Stück Lichtbänder ca. 33 m lang, staubdicht IP 50, mit Montageschiene und je 9 Stück Langfeldleuchten mit Reflektor 1 x 65 Watt. Aufhängehöhe 4 m.				
		Besichtigen auf Staubablagerung, Verschmutzung, Beschädigung, Korrosion.				
		Reinigen Beleuchtungskörper mit Schienensystem, Reflektoren und Röhren.				
		Übertrag				

Lfd. Nr.	Stück-zahl	Gegenstand	Preis je Einheit DM	Pf	Betrag DM	Pf
		Übertrag				
		Besichtigen auf Verschluß, Abdeckung und Befestigung. Besichtigen Kabel, Leitungen, Isolierung auf äußere Beschädigung. Besichtigen Installation, Schalter, Abzweigdosen, Abzweigkästen, Steckdosen etc. auf äußere Beschädigung. Erproben der Beleuchtungsanlage.				
		Summe Titel 5 DM				
		Titel 6: Inspektion und Wartung ortsveränderliche Betriebsmittel der Schutzklasse I: 10 Stück Heizlüfter 230 V, 2000 W. 3 " Kühlschränke 230 V, 100 Watt, 3 " Kaffemaschinen 230 V, 850 Watt, 1 " Schweißgerät 230/400 V, 18 Amp. 2 " Kopierer 230 V 1 " Mehrzweck-Küchenmaschine 400 V 10 " Tischleuchten 230 V 30 Stück Betriebsmittel nach besonderer Liste: Besichtigen auf Verschmutzung, Beschädigung und Korrosion. Reinigen der 30 Stück Betriebsmittel. Besichtigen Kabel und Stecker auf äußere Beschädigung. Besichtigen Anschluß auf Zugentlastung, Biege- und Knickschutz. Evtl. Schrauben und Klemmen nachziehen. Messen der Betriebsmittel mit Meßgerät nach VDE 0701 (siehe auch Abschnitt 8.6)				
		Übertrag				

Lfd. Nr.	Stückzahl	Gegenstand	Preis je Einheit		Betrag	
			DM	Pf	DM	Pf
		Übertrag				
		Erproben der 30 Betriebsmittel (funktionell und sicherheitstechnisch).				
		Bei der Erprobung ist die Bedienungsanleitung des Herstellers zu beachten.				
		Summe Titel 6 DM				
		====================				
		<u>Titel 7: Inspektion und Wartung ortsveränderliche Betriebsmittel der Schutzklasse II</u>				
		3 Stück Diktiergeräte 230 V 2 " Staubsauger 230 V 1 " Radio 230 V 1 " Tageslichtprojektor 230 V 1 " Buchungsmaschine 230 V 5 " Ventilatoren 230 V 4 " Tischleuchten 230 V				
		17 Stück Betriebsmittel nach besonderer Liste:				
		Besichtigen auf Verschmutzung, Beschädigung und Korrosion.				
		Reinigen der 17 Betriebsmittel.				
		Besichtigen Kabel und Stecker auf äußere Beschädigung.				
		Besichtigen Anschluß auf Zugentlastung, Biege- und Knickschutz. Evtl. Schrauben und Klemmen nachziehen.				
		Messen der Betriebsmittel mit Meßgerät nach VDE 0701 (siehe auch Abschnitt 8.6).				
		Erproben der 17 Betriebsmittel (funktionell und sicherheitstechnisch).				
		Bei der Erprobung ist die Bedienungsanleitung des Herstellers zu beachten.				
		Summe Titel 7 DM				
		====================				

Zusammenstellung der Gesamtkosten Titel 1 bis 7

Titel:	Anlage:	Summe DM		Anzahl:*)	Summe DM	
1	Inspektion und Wartung Trafostation 400 kVA					
2	Oelprüfung Trafo 400 kVA					
3	Inspektion und Wartung NS-Verteilungen mit Zuleitungen und Abgängen					
4	Inspektion und Wartung ortsfeste Betriebsmittel					
5	Inspektion und Wartung Beleuchtungsanlage					
6	Inspektion und Wartung ortsveränderliche Betriebsmittel Schutzklasse I					
7	Inspektion und Wartung ortsveränderliche Betriebsmittel Schutzklasse II					
		Gesamtkosten DM				
		+ .....% MWST				
		Summe DM				

*) Anzahl Instandhaltetätigkeiten im Vertragszeitraum

von..................bis...................

Stundenlöhne Elektrofachkräfte:..

Gewährleistungszeit:...

Bemerkungen:...

Datum:................. Stempel und rechtsverbindliche Unterschrift:

....

Beispiel 2:
Nachfolgendes Beispiel beschreibt ein Blankett für Inspektion und Wartung elektrischer Betriebsmittel der Schutzklasse I, II und III nach Betriebsmittelliste und Arbeitskarte Nr. 32 (Bild 6.23).
Der interessierte Elektrofachbetrieb hat die Möglichkeit die Leistungen im Blankett nach Zeiteinheiten zu kalkulieren, wie dieses Beispiel zeigt.

1 Zeiteinheit ZE = 11,– DM, d. h. 38 Betriebsmittel der Schutzklasse I (nicht ortsfest) sind 1,2 ZE/Stück vorgesehen.

1,2 ZE x 38 Stück x 11,– DM = 501,60 DM usw.
Die Arbeitskarte Nr. 32 (Bild 6.23) ist mit Standardtexten zusammengestellt (Tabelle 1 bis 3, Anhang 1).

BLANKETT

über Inspektion und Wartung elektrischer Anlagen und Betriebsmittel nach Leistungsverzeichnis mit Prüfung und Messung des Gefahrenschutzes.

Beschreibung:

Elektrische Betriebsmittel der Schutzklasse I, II und III nach Betriebsmittelliste

Auftraggeber:

Abgabetermin:

Abgabeort:

Erläuterungen zum Leistungsverzeichnis:

1. Allgemeine Angaben:

Niederspannungsnetz 400 Volt Drehstrom, 50 Hz.
Netzart: TN - C - S

2. Beschreibung des Auftragsumfanges:

Der Auftragnehmer übernimmt die Inspektion und Wartung der elektrischen Anlagen und Betriebsmittel wie im Leistungsverzeichnis beschrieben.
Dazu gehören auch notwendige Instandsetzungsarbeiten, sowie die Prüfung und Messung des Gefahrenschutzes.

Ausführung nach Terminplan:...............................

....

Instandsetzungsarbeiten sind im Leistungsumfang der Ausschreibung nicht enthalten. Material- und Lohnkosten werden nach Aufwand über Arbeits- Kontrollschein abgerechnet.

Die Auftragserteilung erfolgt jeweils durch den Auftraggeber.

Sämtliche Arbeiten sollen möglichst zusammenhängend erledigt werden, da Strom- oder Anlagenabschaltungen nur zu vorher festgesetzten Zeiten möglich sind und mit dem Auftraggeber abgesprochen werden müssen.

Mögliche Abschaltungen:...................................

....

3. Hinweise auf Sicherheitsvorschriften:

Folgende Instandhalte- und Sicherheitsvorschriften sind zu beachten:

Code-Nr.

050 Wartungsanleitung des Anlagen- bezw. Betriebsmittelherstellers beachten!

051 Meßgeräte müssen DIN-VDE 0413 entsprechen. Bedienungsanleitung des Meßgeräteherstellers beachten!

052 Sicherheitsregeln beachten:
Freischalten. Gegen Wiedereinschalten sichern.
Spannungsfreiheit feststellen. Erden und Kurzschließen.
Benachbarte, unter Spannung stehende Teile abdecken oder abschranken!

053 Sicherheitsschild verwenden!
Nicht einschalten! Es wird gearbeitet.
Ort:
Entfernen der Tafel nur durch:
Name:

4. Umfang der Leistungen:

Der Leistungsumfang ergibt sich aus dem Leistungsverzeichnis.

Die anzugebenden Festpreise müssen die Ausführung aller beschriebenen Arbeiten mit allen Nebenleistungen, schriftlichen Ausarbeitungen, Auslösungen, Überstundenzuschlägen, Fahrtkosten, Rüstmaterial und Transportkosten frei Arbeitsstelle enthalten.

Die Bereitstellung von Werkzeugen, Meßeinrichtungen und Prüfplaketten gehören ebenfalls zu den Leistungen des Auftragnehmers und werden nicht besonders vergütet.

5. Hinweise auf Vorschriften und Bestimmungen:

DIN - VDE - Bestimmungen
Sicherheitsregeln nach VDE 0105 und VBG 4 § 6,
Unfallverhütungsvorschriften BG,
Vorschriften des zuständigen EVU,
Polizeiliche Vorschriften,
Vorschriften der Anlagen- und Betriebsmittel-Hersteller,

6. Werkvertrag:

Das Leistungsverzeichnis sowie die Erläuterungen zum Leistungsverzeichnis sind bei Auftragserteilung Bestandteil eines Werkvertrages nach §§ 631 BGB ff.

7. Inspektion:

Erfassen und Beurteilen des Istzustandes einer Anlage oder eines Betriebsmittels.
Überwachen, kontrollieren, Prüfen und Messen.

Besichtigen elektrischer Anlagen auf äußerlich erkennbare Schäden an Betriebsmitteln, Geräten, Leitungen, Kabel etc.

Besichtigen auf sichtbare Fehler und Prüfung auf Einhaltung der VDE - Bestimmungen.

Erproben der Anlagen und Betriebsmittel auf Funktion und Wirksamkeit.

Messen, um eine Beurteilung der Schutzmaßnahmen zu ermöglichen.
Besichtigen ist das bewußte Ansehen einer elektrischen Anlage, um den ordnungsgemäßen Zustand festzustellen. Es ist Voraussetzung für das Erproben und Messen.

Erproben umfaßt die Durchführung von Maßnahmen in elektrischen Anlagen, durch welche die Wirksamkeit von Schutz- und Meldeeinrichtungen nachgewiesen werden soll, z.B. Fehlerstrom-Schutzeinrichtungen, Isolationsüberwachungseinrichtungen, Not - Aus - Einrichtungen.

Messen ist das Feststellen von Werten mit geeigneten Meßgeräten, die für die Beurteilung der Wirksamkeit einer Schutzmaßnahme erforderlich sind, und die durch Besichtigen und/oder Erproben nicht feststellbar sind.

8. Wartung:

Bewahren des Sollzustandes durch Ersetzen und Ergänzen von Teilen an Anlagen und Betriebsmitteln.

Reinigen, Pflegen, Justieren, Ein- und Nachstellen, Schmieren.

9. Instandsetzung:

Beseitigen der Mängel durch Wiederherstellung des Sollzustandes. Nach den VDE - Bestimmungen sind auch Mängel zu beseitigen, die die Sicherheit der elektrischen Anlage beeinträchtigen.

10. Prüfplakette:

Bei der Prüfung elektrischer Anlagen und Betriebsmittel ist eine Prüfplakette aufzukleben, welche auf den nächsten Prüftermin hinweist.

L e i s t u n g s v e r z e i c h n i s:

Lfd. Nr.	Stück-zahl	Gegenstand	Preis je Einheit		Betrag	
			DM	Pf	DM	Pf
		Inspektion und Wartung elektrischer Betriebsmittel nach Betriebsmittelliste und Arbeitskarte Nr. 32, einschl. Prüfplakette:	ZE			
	38	Stück Betriebsmittel Schutzklasse I (nicht ortsfest)	1,2		501.	60
	22	Stück Betriebsmittel Schutzklasse II (nicht ortsfest)	1,2		290.	40
	6	Stück Betriebsmittel Schutzklasse III (nicht ortsfest)	1,2		79.	20
	12	Stück Betriebsmittel Schutzklasse I (ortsfest)	2		264.	--
		Gesamtkosten pro Prüftermin DM			1.135.	20
		+ % MWST				
		Summe DM				
		1 Zeiteinheit ZE = 11.-- DM				

Anzahl Instandhaltetätigkeiten im Vertragszeitraum:

Stundenlöhne Elektrofachkräfte:

Bemerkungen:

Datum: Stempel und rechtsverbindliche Unterschrift:

Beispiel 3:

Beispiel 3 zeigt ein Leistungsverzeichnis für Inspektion und Wartung von Fertigungsanlagen.

Titel 1: 1 Stück Steuerpult für Fertigungsanlage D 1

Titel 2: 1 Stück Schaltschrank für Fertigungsanlage D 1

Titel 3: Antriebsmotoren, Betriebsmittel, Installation und Betätigungselemente für Fertigungsanlage D 1

Titel 3: Messung Isolationswiderstand und Schutzleitersystem für Fertigungsanlage D 1

In diesem Leistungsverzeichnis wurden ebenfalls Standard-Instandhaltetexte benutzt (Tabelle 1 bis 3, Anhang 1).

Zu den einzelnen Instandhaltetätigkeiten wurden Zeiteinheiten ZE für Elektrofachkräfte eingetragen.

Für jeden Titel wurde die Summe der Zeiteinheiten ermittelt. DM 11,– /Zeiteinheit.

Titel 1 : 13 ZE x 11,– DM = 143,– DM usw.

Lfd. Nr.	Stück-zahl	Gegenstand	Preis je Einheit DM	Preis je Einheit Pf	Betrag DM	Betrag Pf
			ZE			
		Titel 1: Inspektion und Wartung 1 Stück Steuerpult für Fertigungsanlage D 1, nach Beschreibung und Plan Nr. 0236 - 1				
		100 Reinigen Anlage, Betriebsmittel	6			
		101 Reinigen Be- und Entlüftung	2			
		108 Besichtigen Türverschluß	0,5			
		109 Besichtigen auf Staubablagerung, Verschmutzung, Beschädigung, Korrosion, Schwitzwasser	1			
		111 Besichtigen Kabel, Leitungen, Isolierung auf äußere Beschädigung, Verfärbung	0,5			
		113 Besichtigen Anschlüsse Schutzleiter, Erdungsleiter, Erdungsanlage, Potentialausgleichleiter	0,5			
		118 Besichtigen Befestigungen (evtl. Schrauben nachziehen)	0,5			
		124 Besichtigen Isolierung der aktiven Teile, Schutz durch Abdeckung oder Umhüllung	0,5			
		127 Besichtigen richtige Kennzeichnung Anlage oder Betriebsmittel entsprechend den Errichtungsnormen	0,5			
		135 Besichtigen Betriebsmittel auf äußerlich erkennbare Schäden	0,5			
		150 Besichtigen Bestückung Bauteile	0,5			
		Summe Titel 1 DM	13		143.	--

Lfd. Nr.	Stück-zahl	Gegenstand	Preis je Einheit DM	Preis je Einheit Pf	Betrag DM	Betrag Pf
		Übertrag	ZE			
		Titel 2 : Ispektion und Wartung 1 Stück Schaltschrank für Fertigungs-anlage D 1, nach Beschreibung und Plan Nr. 0236 - 1				
		100 Reinigen Anlage, Betriebsmittel	10			
		101 Reinigen Be- und Entlüftung	2			
		108 Besichtigen Türverschluß	0,5			
		109 Besichtigen auf Staubablagerung, Verschmutzung, Beschädigung, Korrosion, Schwitzwasser	3			
		111 Besichtigen Kabel, Leitungen, Isolierung auf äußere Beschädigung, Verfärbung	1			
		113 Besichtigen Anschlüsse Schutzleiter, Erdungsleiter, Erdungsanlage, Potentialausgleichleiter	1			
		114 Besichtigen Kabelendverschlüsse	0,5			
		115 Besichtigen Schalter- oder/und Schützkontakte auf Abbrand, Beschädigung, freie Bewegung, Kontaktdruck, Korrosion	6			
		117 Besichtigen Sammelschienen, Anschlußschienen, Schraubenverbindungen, Kabel, Leitungen, Klemmleisten, (evtl. Schrauben nachziehen)	3			
		118 Besichtigen Befestigungen, (evtl. Schrauben nachziehen)	2			
		120 Besichtigen richtige Absicherung der Schutzorgane, richtige Einstellung der Schutzorgane	1			
		127 Besichtigen richtige Kennzeichnung Anlage oder Betriebsmittel entsprechend den Errichtungsnormen	1			

Lfd. Nr.	Stück-zahl	Gegenstand	Preis je Einheit DM	Preis je Einheit Pf	Betrag DM	Betrag Pf
		Übertrag	ZE			
		129 Besichtigen NH - Sicherungskontakte auf Abbrand, Beschädigung, Korrosion und Verfärbung	1			
		135 Besichtigen Betriebsmittel auf äußerlich erkennbare Schäden	2			
		150 Besichtigen Bestückung Bauteile	1			
		Summe Titel 2 DM	35		385.	--
		Titel 3 :Inspektion und Wartung Antriebsmotoren, Betriebsmittel, Installation und Betätigungselemente für Fertigungsanlage D 1, nach Beschreibung und Plan Nr. 0236 - 1				
		100 Reinigen Anlage, Betriebsmittel	6			
		109 Besichtigen auf Staubablagerung, Verschmutzung, Beschädigung, Korrosion, Schwitzwasser	1			
		111 Besichtigen Kabel, Leitungen, Isolierung auf äußere Beschädigung, Verfärbung	1			
		112 Besichtigen Installation, Schalter, Abzweigdosen, Abzweigkästen, Steckdosen etc. auf äußere Beschädigung	2			
		113 Besichtigen Anschlüsse Schutzleiter, Erdungsleiter, Erdungsanlage, Potentialausgleichleiter	1			
		114 Besichtigen Kabelendverschlüsse	0,5			
		118 Besichtigen Befestigungen, (evtl. Schrauben nachziehen)	1			
		119 Besichtigen Schutzvorrichtungen	1			
		124 Besichtigen Isolierung der aktiven Teile, Schutz durch Abdeckung oder Umhüllung	1			

Lfd. Nr.	Stück-zahl	Gegenstand	Preis je Einheit DM	Preis je Einheit Pf	Betrag DM	Betrag Pf
		Übertrag	ZE			
		127 Besichtigen richtige Kennzeichnung Anlage oder Betriebsmittel entsprechend den Errichtungsnormen	1			
		128 Besichtigen Berührungsschutz	1			
		135 Besichtigen Betriebsmittel auf äußerlich erkennbare Schäden	1			
		306 Besichtigen Lagergehäuse, Temperatur, Vibration	2			
		146 Besichtigen Betriebsmittel auf Überlastung und unsachgemäßen Gebrauch	1			
		147 Besichtigen Betriebsmittel auf unzulässige Eingriffe und Änderungen	0,5			
		148 Besichtigen Schalter, Stellteile, Betätigungseinrichtungen etc.	1			
		102 Justieren, Ein- u. Nachstellen	2			
		151 Besichtigen Sicherheitseinrichtungen	1			
		201 Erproben Anlage und Betriebsmittel, Schutz- und Hilfsmittel, (funktionell und sicherheitstechnisch)	1			
		204 Erproben Schutzrelais, Not-Aus - Einrichtungen, Sicherheits-Einrichtungen, Verriegelungen	1			
		209 Erproben Gesamtanlage, Betriebszustand wieder herstellen	1			
		Summe Titel 3 DM	28		308.	--

Lfd. Nr.	Stück-zahl	Gegenstand	Preis je Einheit DM	Pf	Betrag DM	Pf
		Übertrag	ZE			
		Titel 4 : Messung Isolationswiderstand und Schutzleitersystem für Fertigungsanlage D 1, nach Beschreibung und Plan Nr. 0236 - 1 Hauptstromkreise und Hilfsstromkreise				
		010 Isolationswiderstandsmessung	10			
		014 Niederohmige Messung	6			
		209 Erproben Gesamtanlage, Betriebszustand wieder herstellen	3			
		Summe Titel 4 DM	19		209.	--

Zusammenstellung der Gesamtkosten Titel 1 bis 4

Titel:	Anlage:	Summe DM:		Anzahl:*)	Summe DM:	
1	1 Stück Steuerpult	143.	--	4	572.	--
2	1 Stück Schaltschrank	385.	--	4	1.540.	--
3	Antriebsmotoren, Betriebsmittel Installation etc.	308.	--	4	1.232.	--
4	Messungen	209.	--	1	209.	--
		Gesamtkosten DM			3.553.	--
		+ % MWST				
		Summe DM				

*) Anzahl Instandhaltetätigkeiten im Vertragszeitraum

von......1. 1. 1993..........bis...31. 12. 1993..........

1 Zeiteinheit ZE = 11.-- DM vor MWST

Tabellenverzeichnis

Anhang 1

Instandhaltetätigkeiten			Tabelle: 1
001	Besichtigen	031	Ersatz - Ableitstrommessung Betriebsmittel
002	Erproben	032	Ersatz - Ableitstrommessung Mensch
003	Messen		
004	Reinigen		
005	Instandsetzen, (Schäden, Mängel)		
006	Austauschen, Auswechseln		
007	Entklinken (Entsperren)		
008	Inspektion		
009	Wartung		
010	Isolationswiderstandsmessung		
011	Messung Elektrogeräte		
012	Schleifenwiderstandsmessung		
013	Erdungsmessung		
014	Niederohmige Messung		
015	FI - Schutz - Messung		
016	FU - Schutz - Messung		
017	Spannungsmessung		
018	Strommessung		
019	cos.-phi - Messung		
020	Drehfeldmessung	050	Wartungsanleitung des Anlagen- bezw. Betriebsmittelherstellers beachten!
021	Leistungsmessung		
022	Schwingungsmessung	051	Meßgeräte müssen DIN-VDE 0413 entsprechen. Bedienungsanleitung des Meßgeräteherstellers beachten!
023	Ultraschallmessung		
024	Temperaturmessung		
025	Oszilloskopieren	052	Sicherheitsregeln beachten: Freischalten. Gegen Wiedereinschalten sichern. Spannungsfreiheit feststellen. Erden und Kurzschließen. Benachbarte, unter Spannung stehende Teile abdecken oder abschranken!
026			
027	Niederohmige Messung bei Bewegung der Leitung		
028	Niederohmige Messung Schutzleiter bei Bewegung der Leitung		
029	Isolationswiderstandsmessung, Betriebsstromkreis gegen berührbare Metallteile	053	Sicherheitsschild verwenden! Nicht einschalten! Es wird gearbeitet. Ort: Entfernen der Tafel nur durch: Name:
030	Spannungsfestigkeits - Messung (Prüfung)		

Instandhaltetätigkeiten	Tabelle: 2
100 Reinigen Anlage, Betriebsmittel 101 Reinigen Be- und Entlüftung 102 Justieren, Ein- u. Nachstellen 103 Schmieren, Ölen 104 Ölprobe nehmen 105 Besichtigen Ölstand 106 Besichtigen Verschluß 107 Besichtigen Abdeckungen 108 Besichtigen Türverschluß 109 Besichtigen auf Staubablagerung, Verschmutzung, Beschädigung, Korrosion, Schwitzwasser 110 Besichtigen auf Dichtheit 111 Besichtigen Kabel, Leitungen, Isolierung auf äußere Beschädigung, Verfärbung 112 Besichtigen Installation, Schalter, Abzweigdosen, Abzweigkästen, Steckdosen etc. auf äußere Beschädigung 113 Besichtigen Anschlüsse Schutzleiter, Erdungsleiter, Erdungsanlage, Potentialausgleichleiter 114 Besichtigen Kabelendverschlüsse 115 Besichtigen Schalter- oder/und Schützkontakte auf Abbrand, Beschädigung, freie Bewegung, Kontaktdruck, Korrosion 116 Besichtigen nach Feuchtigkeit und Korrosion: Anlagen, Betriebsmittel, Fußboden, Decke, Wände, Kanäle 117 Besichtigen Sammelschienen, Anschlußschienen, Schraubenverbindungen, Kabel, Leitungen, Klemmleisten, (evtl. Schrauben nachziehen) 118 Besichtigen Befestigungen, (evtl. Schrauben nachziehen)	119 Besichtigen Schutzvorrichtungen 120 Besichtigen richtige Absicherung der Schutzorgane, richtige Einstellung der Schutzorgane 121 Besichtigen richtige Leiterquerschnitte 122 Besichtigen Stromkreise Betriebsmittel, Kurzschlußstrom am Einbauort, Unterbrechung Kurzschlußstrom durch Abschaltung (Nachweis) 123 Besichtigen Schutzart 124 Besichtigen Isolierung der aktiven Teile, Schutz durch Abdeckung oder Umhüllung 125 Besichtigen Überwachungseinrichtungen, richtige Einstellung 126 Besichtigen Einrichtungen der Unfallverhütung, Brandbekämpfung, Sicherheitsschilder, Schutzwerkzeuge, Körperschutzmittel etc. Erdungs- u. Kurzschließgeräte, Schaltpläne, Gebrauchs- u. Betriebsanleitungen 127 Besichtigen richtige Kennzeichnung Anlage oder Betriebsmittel entsprechend den Errichtungsnormen 128 Besichtigen Berührungsschutz 129 Besichtigen NH - Sicherungskontakte auf Abbrand, Beschädigung, Korrosion und Verfärbung 130 Besichtigen Schutzorgane auf Beschädigung, Verfärbung und Korrosion 131 Besichtigen, ob Anlagen und Betriebsmittel evtl. erhöhten therm. oder dynamischen Beanspruchungen durch den Kurzschlußstrom noch genügen. Änderungen im Netz oder in Anlage.

Instandhaltetätigkeiten	Tabelle: 3
132 Besichtigen Buchholzschutz 133 Besichtigen Luftentfeuchter 134 Besichtigen Schutzleiter 135 Besichtigen Betriebsmittel auf äußerlich erkennbare Schäden 136 Besichtigen Anschlußleitung einschl. Steckerverbindungen 137 Besichtigen Zugentlastung Kabel oder Leitung, Biege- und Knickschutz 138 Besichtigen Gehäuse 139 Besichtigen Isolierteile 140 Programm neu eingeben 141 Besichtigen Schottung von Leitungs- und Kabeldurch- führungen zur Begrenzung von Brandabschnitten 142 Besichtigen Abstände wärmeer- zeugender Betriebsmittel zur brennbaren Umgebung 143 Besichtigen Schutzisolierung 144 Besichtigen Beleuchtungskörper 145 Besichtigen Lichtbänder 146 Besichtigen Betriebsmittel auf Überlastung und unsachgemäßen Gebrauch 147 Besichtigen Betriebsmittel auf unzulässige Eingriffe und Änderungen 148 Besichtigen Schalter, Stellteile, Betätigungseinrichtigen etc. 149 Besichtigen Schutzklasse, Gerät, Anschlußleitung, Stecker etc. 150 Besichtigen Bestückung Bauteile 151 Besichtigen Sicherheitsein- richtungen	201 Erproben Anlage und Betriebs- mittel, Schutz- und Hilfsmittel, (funktionell und sicherheits- technisch) 202 Erproben Gestängeantriebe etc. 203 Erproben Wirksamkeit und Funktionsfähigkeit Isolations- Überwachungsgeräte, FI / FU, Betätigen Prüftaste 204 Erproben Schutzrelais, Not- Aus - Einrichtungen, Sicherheits- Einrichtungen, Verriegelungen 205 Erproben Sicherheitsbeleuchtung 206 Erproben Melde- und Anzeige- Einrichtungen, Meldeleuchten etc. 207 Erproben Hauptschalter 208 Erproben Leistungsschalter 209 Erproben Gesamtanlage, Betriebs- zustand wieder herstellen

Schadensteil		Tabelle: 4
001 Abdeckung	051 Drosselspule	101 Gestänge
002 Abschottung	052 Deckel	102 Gewinde
003 Aderzahl	053 Dichtung	103 Glühlampe
004 Anschluß	054 Diode	104 Gleichrichter
005 Anschlußkasten	055 Drahtseil	105 Gewicht
006 Abzweigdose	056 Druckknopf	106 Gitter
007 Abzweigkasten	057 Dimmer	107 Geber
008 Auslöser	058 Durchführung	108
009 Achse	059 Drehrichtung	109
010 Antriebsrad	060 Dose	110
011 Antrieb	061 Drehfeld	111
012 Abfluß	062 Druckschalter	112
013 Ausgleichsleitung	063	113
014 Anlage, Anlageteile	064	114
015 Aufhängung	065	115
016 Anordnung	066 Einführung	116 Halter
017 Absorptionsmittel	067 Endschalter	117 Hebel
018 Automatik	068 Ex - Schutz	118 Heizwiderstand
019 Ausdehnungsgefäß	069 Endverschluß	119 Halbleiter
020	070 Erder	120 Hauptschalter
021	071 Erdkabel	121 Heizstab
022	072 Elektronik-Teil	122
023	073	123
024	074	124
025 Beleuchtungsstärke	075	125
026 Befestigung	076	126
027 Berührungsschutz	077	127
028 Backen	078	128
029 Belag	079	129 Isolierung
030 Betätigungselement	080 Fotozelle	130 Installation
031 Bezeichnungsschild	081 Fassung	131 Isolator
032 Bolzen	082 Feder	132
033 Bürsten	083 Filter	133
034 Bremse	084 Fotowiderstand	134
035 Brandschutz	085 Fühler	135
036 Buchholzschutz	086 Frostschutz	136 Klemmen
037 Bildschirm	087 FI - Schutz	137 Kette
038 Bürstenhalter	088 FU - Schutz	138 Kanal, Kanalsystem
039 Behälter	089 Fettpumpe	139 Kapselung
040	090 Fußschalter	140 Kugellager
041	091	141 Kasten
042	092	142 Keilriemen
043	093	143 Kabel
044	094	144 Kurzschlußauslöser
045 Computer	095 Gerät	145 Kontakte
046	096 Geräteanschluß	146 Kontroll-Lampe
047	097 Gabel	147 Klemmstelle
048	098 Gelenk	148 Klemmbrett
049	099 Gehäuse	149 Kohlebürsten
050 Digitalschaltung	100 Griff	150 Kontaktmanometer

Schadensteil		Tabelle: 5
151 Kupplung	201 Relais	251 Widerstand
152 Kontaktthermometer	202 Regler	252 Wicklung
153 Kollektor	203 Stromversorgung	253 Wahlschalter
154	204 Schwimmerschalter	254
155 Leitungsquerschnitt	205 Steuerung	255
156 Leitung	206 Sensor	256
157 Leuchte	207 SPS - Baueinheit	257
158 Langfeldleuchte	208 Sicherungselement	258
159 Lager	209 Schutzleiter grün/gelb	259 Zähler
160 Luftentfeuchter	210 Schutzschalter	260 Zählerplatz
161 Leuchtstoffröhre	211 Sicherung	261 Zeitrelais
162 Lüftung	212 Sicherungsautomat	262 Zugentlastung
163	213 Schutz, Schutzart	263 Zählwerk
164	214 Sammelschiene	264
165 Mast	215 Schütz	265
166 Modul	216 Schaltgerät	266
167 Melder	217 Schalter	267
168 Mechanismus	218 Steckdose	268
169 Magnet	219 Signalleuchte	269
170 Motor	220 Stecker	270
171 Motorwicklung	221 Schutzbereich	
172 Microschalter	222 Schleifringe	
173 Magnetschalter	223 Stellglied	
174 Motorschutzschalter	224 Spule	
175	225 Steckkarte	
176 Notschalter	226 Taster	
177 Näherungsschalter	227 Therm. Auslösung	
178 Nullsp.-Spule	228 Trennwand	
179 Nockenschalter	229 Thermostat	
180	230 Trafo	
181	231 Taktwerk	
182	232 Temp.-Fühler	
183	233 Temp.-Regler	
184	234	
185 Ölpumpe	235	
186 Ölanzeige	236	
187	237	
188	238	
189	239	
190 Programm	240 Überstromauslöser	
191 PEN	241 Ultraschall-Schranke	
192 Potentialausgleich	242	
193 Platine	243	
194 Potentiometer	244	
195	245	
196	246 Verschluß	
197 Quecks.-Schaltröhre	247 Ventil	
198	248 Verteilung	
199	249 Verstärker	
200	250	

Schadensbild		Tabelle: 6
01 abgebrochen	41 lose Verbindung	
02 abgenutzt	42	
03 abgeschert	43 mangelhaft	
04 abgeschliffen	44	
05 ausgehängt	45 oxydiert	
06 ausgelötet	46 schadhaft	
07 angesprochen	47	
08 ausgelöst	48	
09 ausgefallen	49 Unterbrechung	
10 blockiert	50 unvorschriftsmäßig	
11 beschädigt	51 unzureichend	
12	52 unzulässig	
13	53 überlastet	
14 Drahtbruch	54 undicht	
15 durchgeschlagen	55 nicht gekennzeichnet	
16 defekt	56 nicht vorhanden	
17 Drehrichtung falsch	57 nicht zugängig	
18 Drehfeld falsch	58 nicht vollzählig	
19 Erdschluß	59 nicht erkennbar	
20 feucht	60 nicht ausreichend	
21 falsch	61 nicht erlaubt	
22 fehlerhaft	62 nicht geschaltet	
23 fehlt	63 nicht angesprochen	
24 funktioniert nicht	64 nicht verriegelt	
25	65	
26	66	
27 geknickt	67	
28 gebrochen	68 verbogen	
29 gefressen	69 verkeilt	
30 gerissen	70 verölt	
31 Geräusch	71 verbraucht	
32	72 verrostet	
33	73 verschmutzt	
34 korrodiert	74 verstellt	
35 Kurzschluß	75 verstopft	
36 Körperschluß	76 verzogen	
37 keine Spannung	77 verschmort	
38	78 verklemmt	
39	79 vibriert	
40 locker	80 Wackelkontakt	

Instandhaltetätigkeiten Sondertexte	Tabelle: 7
301 Reinigen Wicklungen 302 Besichtigen Wicklungen, Lager 303 Besichtigen Kommutator, Rundlauf 304 Besichtigen Kohlebürsten Abnutzung, Leichtgängigkeit 305 Besichtigen Bürstenhalter 306 Besichtigen Lagergehäuse, Temperatur, Vibration 307 Besichtigen Kurzschluß-brücke, Schleifringklötze 308 Besichtigen Kohlebürsten, Schleifringe, Bürstenträger 309 Besichtigen Bürstenabhebe-vorrichtung, Kontaktfeder 310 Besichtigen Anschlußklemmen 311 Besichtigen Bürstendruck 312 Besichtigen Gleitlager, Ölstand 313 Besichtigen Tachodynamo 314 Besichtigen Ölfilter, Ölzirkulation 315 Besichtigen Abdichtungen 316 Besichtigen Wälzlager (evtl. auswaschen und neu fetten) 317 Besichtigen Anlasser mit Ölfüllung, Ölstand 318 Isolationswiderstand Wicklung messen	

Anhang 2

Seite

Blanko-Formulare

Formular Nr. 1

Firma:

INSTANDHALTUNG ELEKTRISCHER ANLAGEN

Blatt:

Anlage:

Termin-Plan

19.......												19.......												19.......											
J	F	M	A	M	J	J	A	S	O	N	D	J	F	M	A	M	J	J	A	S	O	N	D	J	F	M	A	M	J	J	A	S	O	N	D

Erledigt:		Erledigt:		Erledigt:	
Datum:	Name:	Datum:	Name:	Datum:	Name:

Beschreibung:

INSTANDHALTETÄTIGKEITEN		CODIERUNG	

Formular Nr. 2

INSTANDHALTUNG ELEKTRISCHER ANLAGEN	Blatt:
ANLAGE:	

Termin-Plan

19......												19.......												19......											
J	F	M	A	M	J	J	A	S	O	N	D	J	F	M	A	M	J	J	A	S	O	N	D	J	F	M	A	M	J	J	A	S	O	N	D

Beschreibung:

Erledigt:		Erledigt:		Erledigt:	
Datum:	Name:	Datum:	Name:	Datum:	Name:

Formular Nr. 3

Arbeitskarte Nr.	Blatt:
Anlage:	

	Instandhaltetätigkeiten:		

Arbeitskarte Nr.	Blatt:

Formular Nr. 5

Mängelbericht				Codierung nach Tabelle
Anlage:				
Betriebsmittel / Gerät:	Codierung:			
	Schadens-Teil:	Schadens-Bild:	Instandh.-tätigkeit:	

Datum:	Unterschrift:	Mängel behoben ▶	Datum:	Unterschrift:

Formular Nr. 6

Schadensmeldung	Monat: .... 19....					Blatt:		
Anlage:								
			Codierung:					
Datum:	Schicht	Betriebsmittel / Gerät:	Schadens-Teil:	Schadens-Bild:	Instandh.-tätigkeit:	Ausfall-zeit (min)	Erledigt	
Bemerkungen:								

Formular Nr. 7

Meßprotokoll	■ Mangel	☐ kein Mangel

Anlage:

Nr.	Messung:	R_{iso} MΩ (1)	R_{iso} MΩ (2)	R_d Ω (3)	R_A Ω (4)	Z_s Ω (5)	U_F Volt (6)	I_k Amp. (7)	(8)
		☐	☐	☐	☐	☐	☐	☐	☐
		☐	☐	☐	☐	☐	☐	☐	☐
		☐	☐	☐	☐	☐	☐	☐	☐
		☐	☐	☐	☐	☐	☐	☐	☐
		☐	☐	☐	☐	☐	☐	☐	☐
		☐	☐	☐	☐	☐	☐	☐	☐
		☐	☐	☐	☐	☐	☐	☐	☐
		☐	☐	☐	☐	☐	☐	☐	☐

Bemerkungen:

Datum:	Unterschrift:	

Formular Nr. 8

Meßprotokoll	Zustandsabhängige Instandhaltung	19 …..
Anlage:		Abteilung:

▷												
■ Mangel □ kein Mangel	□	□	□	□	□	□	□	□	□	□	□	□
Tag:												
Monat:												
Unterschrift:												

Formular Nr. 9

Schwachstellen-Analyse									Monat: Jahr:
Anlage/Maschine:									

Ausfallzeit-Kennlinie									
	h > 12								
	12								
	11								
	10								
	9								
	8								
	7								
	6								
	5								
	4								
	3								
	2								
	1								
Woche									

S = Schadensteil-Nr. Z = Ausfallzeit: min.	S	Z	S	Z	S	Z	S	Z	S	Z	S	Z	S	Z	S	Z
Summe Z																

Sch.-Teil	Sch.-Bild	Bemerkungen:	Sch.-Teil	Sch.-Bild	Bemerkungen:

Formular Nr. 10

Betriebsmittelliste Nr.

Blatt:

Frequenz:

☒ Eintragung in Mängelbericht, Datum

☒ Prüfplakette erledigt

Codierung:	Betriebsmittel:	Mängelbericht:	Prüfplakette:
		☐	☐
		☐	☐
		☐	☐
		☐	☐
		☐	☐
		☐	☐
		☐	☐
		☐	☐
		☐	☐
		☐	☐
		☐	☐
		☐	☐
		☐	☐
		☐	☐
		☐	☐
		☐	☐
		☐	☐
		☐	☐
		☐	☐
		☐	☐
		☐	☐
		☐	☐
		☐	☐
		☐	☐
		☐	☐
		☐	☐
		☐	☐
		☐	☐

Anhang 3

Formularhinweise

Nachfolgend aufgeführte Formulare können ebenfalls bei der Instandhaltung elektrischer Anlagen und Betriebsmittel benutzt werden. Bestellung beim Verlag.

Prüfprotokoll für elektrische Anlagen

Blatt-Nr.:
Gesamte Blatt-Zahl:

Bez. der Anlage:		
Ort/Firma:		
Grund der Überprüfung:		
Prüfer 1:	Prüfer 2:	Anwesende:
Netz:	Schutzmaßnahme:	Zust. EVU:

Verteiler/Schaltschränke

Nr.	Bezeichnung/Ort	Art	Zahl der Stromkreise	Zuleitung A	Zuleitung mm^2	Sonderbereiche	bes. Schutzmaßnahmen	1 ↓	2 ↓	3 ↓
								0	0	0
								0	0	0
								0	0	0

↕ ↕ ↕

Stromkreise

Messungen nach DIN VDE 0100 Teil 600

Verteiler-Nr.	Stromkreis-Nr.	Stromkreis Bezeichnung Ort	Stromart	I_N Schutzorgan A	R_{iso} Mindestwiderst. MΩ	R_{iso} zwischen N-PE MΩ	R_d Durchgang PE Ω	R_A Erdungswiderstand Ω	Z_s Impedanz der Fehlerschl. oder I_k Kurzschlußstrom Ω A	U_F Fehlerspannung U_P Prüf- oder U_N Nennspannung V	Sonderbereiche ↓	besondere Schutzmaßnahmen ↓	1 Besicht.mängel ↓	2 Brandgefahr ↓	3 Lebensgefahr ↓
					0	0	0	0	0	0	0	0	0	0	0
					0	0	0	0	0	0	0	0	0	0	0
					0	0	0	0	0	0	0	0	0	0	0
					0	0	0	0	0	0	0	0	0	0	0
					0	0	0	0	0	0	0	0	0	0	0
					0	0	0	0	0	0	0	0	0	0	0
					0	0	0	0	0	0	0	0	0	0	0
					0	0	0	0	0	0	0	0	0	0	0
					0	0	0	0	0	0	0	0	0	0	0
					0	0	0	0	0	0	0	0	0	0	0
					0	0	0	0	0	0	0	0	0	0	0
					0	0	0	0	0	0	0	0	0	0	0
					0	0	0	0	0	0	0	0	0	0	0
					0	0	0	0	0	0	0	0	0	0	0
					0	0	0	0	0	0	0	0	0	0	0
					0	0	0	0	0	0	0	0	0	0	0
					0	0	0	0	0	0	0	0	0	0	0
					0	0	0	0	0	0	0	0	0	0	0
					0	0	0	0	0	0	0	0	0	0	0
					0	0	0	0	0	0	0	0	0	0	0
					0	0	0	0	0	0	0	0	0	0	0
					0	0	0	0	0	0	0	0	0	0	0

Erläuterungen zum Prüfprotokoll für elektrische Anlagen

Mängelliste (unter Erprobungs- bzw. Besichtigungsmängel nur die jeweiligen Nummern eintragen)

Verteilung und Zählerplätze

① Größe unzureichend
② Schutzart oder Kapselung unzureichend
③ Abdeckungen fehlerhaft oder nicht vorhanden
④ Nicht frei zugänglich
⑤ Gehäuse verschmutzt
⑥ Hauptschalter fehlt
⑦ Leitungseinführungen mangelhaft
⑧ Sicherungselemente nicht vollzählig
⑨ Sicherungselemente beschädigt
⑩ Leitungsschutzschalter beschädigt
⑪ Stromkreisbezeichnungen nicht erkennbar oder nicht vorhanden
⑫ Klemmenanordnung unvorschriftsmäßig
⑬ Grüngelbe Schutzleiterkennzeichnung nicht erkennbar
⑭ ____________
⑮ ____________

Installationsanlage

⑯ Stegleitungsinstallation unzulässig
⑰ Leitungsquerschnitt nicht ausreichend
⑱ Adernzahl der Leitung nicht ausreichend
⑲ Leitungseinführungen mangelhaft
⑳ Zugentlastung der Leitung fehlt bzw. defekt
㉑ Schutzleiteranschluß fehlerhaft oder nicht vorhanden
㉒ Unzulässige Installation im Schutzbereich
㉓ Leitungsbefestigung unzureichend
㉔ Fehlerhafter Geräteanschluß
㉕ Schadhafte Leitung
㉖ Abdeckung fehlt
㉗ Schadhafter Schalter

㉘ Kontrollampe funktioniert nicht
㉙ Abzweigdosendeckel fehlt
㉚ Installationsschalter defekt
㉛ Steckdose defekt
㉜ Nicht erlaubte alte Drehstrom-Steckvorrichtung
㉝ Drehrichtung falsch
㉞ Geräteschutzart unzureichend
㉟ Geräteanschlußdose fehlt
㊱ Gerätebefestigung unzureichend
㊲ Leuchte defekt
㊳ Brandschutzmaßnahme an der Leuchte unzureichend
㊴ Leuchtenschutzart unzureichend
㊵ Beleuchtungsstärke unzureichend
㊶ Fehlender Schutz gegen mechanische Beschädigungen
㊷ Anlageteile verschmutzt
㊸ ____________
㊹ ____________
㊺ ____________
㊻ ____________

Erläuterungen zum Formular

Im Prüfbericht Angaben zur Anlage, den Verteilern (maximal 3 pro Blatt) und den Stromkreisen (maximal 22 pro Blatt) eintragen. Meßwerte ermitteln und einschreiben. In den jeweiligen Spalten können die folgenden Kurzbezeichnungen verwendet werden:

Spalten »Messungen«

Bei Über- bzw. Unterschreitung des zulässigen Werts Mängelstrich eintragen.

1. Geringster Wert des Isolationswiderstands R_{iso}
2. Isolationswiderstand R_{iso} zwischen Neutralleiter N und Schutzleiter PE bzw. Erde
3. Durchgangswiderstand R_d des Schutzleiters, Maximalwert
4. Erdungswiderstand R_A der Erder bzw. der Körper, Maximalwert
5. Impedanz der Fehlerschleife $Z_s \leq U_0 : I_a$ (Maximalwert), oder Kurzschlußstrom $I_k \geq I_a$ (Minimalwert), je nach Anzeige des vorhandenen Meßgeräts
6. Fehlerspannung $U_F \leq U_L$ bei FI- oder FU-Schutzschaltung oder Nennspannung U_N bei Schutzmaßnahmen ohne Schutzleiter oder Prüfspannung

Spalte »Sonderbereiche«

Bad Bade- oder Duschraum (DIN VDE 0100 Teil 701)
Bau Baustelle (DIN VDE 0100 Teil 704)
BLR Begrenzt leitfähiger Raum (DIN VDE 0100 Teil 706)
Cam Camping- oder Bootsliege-Platz (DIN VDE 0100 Teile 708, 709 und 721)
El elektrische Betriebsstätte (DIN VDE 0100 Teil 731)
aEl abgeschlossene elektr. Betriebsstätte (DIN VDE 0100 Teil 731)
Ers Ersatzstromversorgungsanlage (DIN VDE 0100 Teil 728)
Ex Explosionsgefährdete Betriebsstätte (DIN VDE 0165)
Feu feuergefährdete Betriebsstätte (DIN VDE 0100 Teil 720)
Flie Fliegender Bau, Wohnwagen (DIN VDE 0100 Teil 722)
Fre Anlage im Freien (DIN VDE 0100 Teil 737)
Gar Garage (DIN VDE 0108)
H Hohlwandinstallation (DIN VDE 0100 Teil 730)
HH Hochhaus (DIN VDE 0108)
Kra Krankenhaus (DIN VDE 0108)
La Landwirtschaftliche Betriebsstätte (DIN VDE 0100 Teil 705)
Lab Labor, Prüffeld o. ä. (DIN VDE 0100 Teil 723)
Med Medizinisch genutzter Raum (DIN VDE 0107)
Möb Elektr. Anlage in Möbeln (DIN VDE 0100 Teil 724)
Naß Feuchter oder nasser Raum (DIN VDE 0100 Teil 737)
Sau Sauna-Anlage (DIN VDE 0100 Teil 703)
Schw Schwimmbad (DIN VDE 0100 Teil 702)
The Theater (DIN VDE 0108)
Unt Unterrichtsraum (DIN VDE 0100 Teil 723)
Ver Versammlungsstätte (DIN VDE 0108)
War Warenhaus (DIN VDE 0108)

Spalte »besondere Schutzmaßnahmen«

SFI »schnelle Nullung« (TN-Netz mit FI-Schutzschalter)
PFI Personenschutzschalter
FU Fehlerspannungsschutzschalter
FI Fehlerstromschutzschalter
Iso Schutzisolierung
SELV Schutzkleinspannung
FELV Funktionskleinspannung
PELV Funktionskleinspannung mit sicherer Trennung
olo Schutztrennung
NLR Schutz durch nichtleitende Räume

Spalten »Besichtigungsmängel« »Brandgefahr« »Lebensgefahr«

Markieren des Mangels durch einen Bleistiftstrich. Erläuterung auf 2. Blatt.

Spalte »Art der Verteiler«

AP auf Putz
UP unter Putz
Sch Schienenverteiler
Iso Isolierstoffverteiler
H Hohlwandverteiler

Spalte »Stromart«

1~ Einphasen-Wechselstrom 230 V, 50 Hz
3~ Drehstrom 230/400 V, 50 Hz
— Gleichstrom
≈ Mittelfrequenz bis 1 kHz
KS Kleinspannung
So andere Stromarten und Spannungen

1992 Richard Pflaum Verlag GmbH & Co. KG · Formulardienst · Postfach 19 07 37 · 8000 München 19 Bestell-Nr. 940 04/92

Prüfprotokoll

Bezeichnung der Anlage	Blatt-Nr.:
	Gesamte Blatt-Zahl:

Erprobungsmängel

Stromkreis-Nr.	Art und Fehler des Schutzschalters (Codierung der Mängel: siehe Erläuterungen)

Besichtigungsmängel

Stromkreis-Nr.	Beschreibung (Codierung der Mängel: siehe Erläuterungen)
Potentialausgleich	

▮ Bedeutet Mangel; ▯ Kein Mangel. Auflistung der Besichtigungs- und Erprobungsmängel: Siehe oben.
Lebensgefahr: Mangel sofort beseitigen, Stromkreis außer Betrieb setzen, Beseitigung der bei Besichtigung, Erprobung und Messung festgestellten Mängel und Brandgefahren spätestens bis:

Prüfung abgeschlossen, Bericht Anlagenbenutzer ausgehändigt:	Empfang des Prüfprotokolls u. Unterrichtung über Mängel bestätigt:
Datum:	Datum:
Unterschriften:	Unterschrift: Stempel
Stempel	
Prüfer 1	Im Prüfprotokoll aufgeführte Mängel beseitigt:
	Datum:
	Unterschrift: Stempel
Prüfer 2	

Prüfprotokoll für instandgesetzte elektrische Geräte ①

ZVEH

Auftrag Nr. ____________

Auftraggeber (Kunde) ②	Elektrohandwerksbetrieb (Auftragnehmer)
Herr/Frau/Firma ____________	

Geräteart ____________ | Hersteller ____________

Typenbezeichnung ____________ | Schutzklasse ____________ | Nennstrom ____________ A

Fabr.-Nr. ____________ | Baujahr ____________ | Nennspannung ____________ V | Nennleistung ____________ W

Annahme/ Anlieferung am: ____________ | Reparatur am: ____________ | Rückgabe/ Abholung am: ____________

Kundenangaben (Fehler): ____________

Durchgeführte Reparaturarbeiten: ____________

Prüfung③ nach Instandsetzung gemäß DIN VDE 0701 Teil 1 | Besondere Bestimmung DIN VDE 0701 Teil ④

Besichtigung ⑤

Gehäuse i.O. ☐

sonstige mechanische Teile ⑥ i.O. ☐

Geräte-Anschlußleitungen einschl. Steckvorrichtungen mängelfrei ☐

Messung Schutzleiter ⑦ Ω	Isolationswiderstand ⑧ MΩ	Ersatz-Ableitstrom ⑨ mA

Funktions- und Sicherheitsprüfung mängelfrei ☐

Aufschriften vorhanden bzw. vervollständigt ☐

Nächster Prüfungstermin
gemäß Unfallverhütungsvorschrift VBG 4 ⑩

Das Gerät kann nicht mehr instandgesetzt werden ☐

Das Gerät hat erhebliche sicherheitstechnische Mängel, es besteht
- Brandgefahr ☐
- Gefahr durch elektrischen Schlag ☐
- mechanische Gefahr ☐

Nenndaten des Gerätes stimmen mit den Hersteller-Kennwerten überein ☐

Verwendete Meßgeräte ⑪

Fabrikat ____________ Typ ____________

Fabrikat ____________ Typ ____________

Unterschriften

Prüfer ⑫ | Verantwortlicher Unternehmer ⑬

Ort Datum Unterschrift | Ort Datum Unterschrift

Zutreffendes ankreuzen ☐

Richard Pflaum Verlag GmbH & Co. KG · Formulardienst · Postfach 19 07 37 · 80607 München Bestell-Nr. 944

Erläuterungen zum Prüfprotokoll für instandgesetzte elektrische Geräte

(1) Im **Prüfprotokoll** sind die technischen Werte des Ist-Zustands nach der Instandsetzung festgehalten.
Geräte nach DIN VDE-Normen der Gruppe 7 (Gebrauchsgeräte, Arbeitsgeräte) sind insbesondere Elektro-Motorgeräte, Elektro-Wärmegeräte, Elektro-Werkzeuge, Leuchten.
Geräte nach DIN VDE-Normen der Gruppe 8 (Informationstechnik) sind insbesondere elektronische Geräte (Unterhaltungselektronik), Geräte der Informationstechnik, einschließlich Fernmeldegeräte und elektrische Büromaschinen sowie netzbetriebene elektronische Geräte.

(2) **Auftraggeber** ist derjenige, in dessen Auftrag und für dessen Rechnung das elektrische Gerät instandgesetzt worden ist. Das kann sowohl ein gewerblicher Auftraggeber als auch eine private Person sein.

(3) Die **Prüfung** erstreckt sich auf Maßnahmen zur Feststellung und Beurteilung des Ist-Zustandes nach der Instandsetzung.
Nach der fachgerechten Instandsetzung besteht bei bestimmungsgemäßem Gebrauch des elektrischen Geräts keine Gefahr für den Benutzer oder die Umgebung des Geräts. Die maßgeblichen ausgewechselten Einzelteile, Bauelemente und Baugruppen sind entsprechend ihren Nenndaten und sonstigen Sicherheitsmerkmalen (z.B. zulässige Temperatur, geforderte Schutzart, mechanische Bauart) für das Gerät geeignet; Hersteller-Anleitungen sind beachtet.

(4) Weitere Prüfungsanforderungen siehe DIN VDE 0701

Teil 2	Rasenmäher und Gartenpflegegeräte
Teil 3	Bodenreinigungs-Geräte und -Maschinen
Teil 4	Sprudelbadegeräte
Teil 5	Großküchengeräte
Teil 6	Ventilatoren und Dunstabzugshauben
Teil 7	Nähmaschinen
Teil 8	Ortsfeste Wassererwärmer
Teil 10	Speicherheizgeräte
Teil 11	Raumheizgeräte (Direktheizgeräte)
Teil 12	Sauna-Heizgeräte und elektrisches Zubehör
Teil 13	Herde, Tisch-Kochgeräte, Backöfen und ähnliche Geräte
Teil 200	Netzbetriebene elektronische Geräte und deren Zubehör
Teil 240	Sicherheitsfestlegungen für Datenverarbeitungs-Einrichtungen und Büromaschinen
Teil 260	Handgeführte Elektrowerkzeuge.

(5) Die **Besichtigung** ist in jedem Fall die erste Phase der Prüfung auf äußerlich erkennbare Mängel und begleitet die gesamte Instandsetzung. Die zur elektrischen und mechanischen Sicherheit beitragenden Teile des Geräts sind weder sichtbar beschädigt noch offensichtlich für das Gerät ungeeignet; dies gilt insbesondere für Isolierungen und Isolierteile.

(6) **Mechanische Teile** sind insbesondere:
- Luftfilter, die vorschriftsmäßig eingebaut sind
- Kühlöffnungen, Kühlrippen, Austrittsöffnungen, die offen bzw. nicht zugesetzt sind
- Schutzabdeckungen, die einwandfrei befestigt sind
- Aufschriften, die einwandfrei lesbar sind.

(7) Der **Schutzleiter** wurde in seinem Verlauf soweit verfolgt, wie es bei der Instandsetzung des Geräts ohne weitere Zerlegung in Einzelteile möglich ist. Bei der Messung tritt keine Widerstandsänderung ein, die auf eine Beschädigung des Schutzleiters oder der Anschlußstelle schließen läßt.
Anmerkung: Als Orientierungsgröße für den niederohmigen Durchgang werden Widerstandswerte bis zu etwa 1 Ω angesehen.

(8) Isolationswiderstand bei
Schutzklasse I: ≥ 0,5 MΩ
Schutzklasse II: ≥ 2 MΩ
Schutzklasse III: ≥ 250 kΩ

(9) **Ersatz-Ableitstrommessungen** sind bei Geräten der Schutzklasse I durchgeführt,
- bei denen im Zuge der Instandsetzung oder Änderung Funk-Entstörkondensatoren eingebaut oder ersetzt wurden oder
- die mit Heizelementen ausgestattet sind und bei denen die geforderten Sollwerte des Isolationswiderstandes nicht eingehalten werden.

Meßwert: ≤ 7 mA (bei Geräten mit Heizleistung ≥ 6 kW: ≤ 15 mA).
Bei netzbetriebenen elektronischen Geräten nach DIN VDE 0860 einphasig: ≤ 1 mA; mehrphasig: ≤ 0,5 mA.

(10) **Prüffristen** sind nach Unfallverhütungsvorschrift „Elektrische Anlagen und Betriebsmittel" (VBG 4) § 5 Abs. 1 beachtet; siehe auch DIN VDE 0105 Teil 1 Abschnitt 5 „Erhalten des ordnungsgemäßen Zustands".

(11) Die verwendeten **Meßgeräte** entprechen folgenden Normen:
- DIN VDE 0404 Messen, Steuern, Regeln
  Geräte zur sicherheitstechnischen Prüfung von elektrischen Betriebsmitteln
  Teil 1 Allgemeine Festlegungen
  Teil 2 Geräte bei wiederkehrenden Prüfungen
- DIN VDE 0410 VDE-Bestimmungen für elektrische Meßgeräte; Sicherheitsbestimmungen für anzeigende und schreibende Meßgeräte und ihr Zubehör
- DIN VDE 0413 Messen, Steuern, Regeln
  Geräte zum Prüfen der Schutzmaßnahmen in elektrischen Anlagen
  Teil 1 Isolations-Meßgeräte

(12) **Prüfer** ist eine besonders qualifizierte Elektrofachkraft; dies kann der Unternehmer (Auftragnehmer) selbst oder eine von ihm mit der Durchführung der Prüfung ausdrücklich beauftrage Person sein. Der Prüfer bestätigt mit seiner Unterschrift die vorschriftsmäßig durchgeführte Prüfung. Damit wird zum Ausdruck gebracht, daß das instandgesetzte und geprüfte elektrische Gerät den anerkannten Regeln der Elektrotechnik entspricht.

(13) **Verantwortlicher Unternehmer** ist der mit der Durchführung der Instandsetzung beauftragte **Auftragnehmer** oder die von ihm beauftragte besonders qualifizierte Person. Mit der Unterschrift gibt der Unternehmer gleichzeitig seiner Überzeugung Ausdruck, daß die besonders qualifizierte Elektrofachkraft aufgrund ihrer Kenntnisse, Erfahrungen sowie Fort- und Weiterbildung das elektrische Gerät vorschriftsmäßig geprüft hat.

Übergabebericht + Prüfprotokoll

Blatt 1 ZVEH

Übergabebericht① **Nr.** 136315 **Auftrag Nr.** ____________

Auftraggeber②
Herr / Frau / Firma ____________

____

____

Elektroinstallationsbetrieb (Auftragnehmer)

Anlage: ____________

EVU ____________ Netzspannung ________ V

Netz: ☐ TN-System ☐ TT-System ☐ IT-System

Zähler-Nr. ____________ Zählerstand ____________

Schaltungsunterlagen übergeben ☐

Übergabebericht + Prüfprotokoll bestehend aus Blatt 1 bis ______

Raum ③ / Anlagenteil / Anzahl der Betriebsmittel		Wohnzimmer		Schlafzimmer	Kinderzimmer	Balkon/Terrasse		Bad		Küche	Flur	Treppe	Keller	Boden		Toilette	Garage		Aufenthaltsraum	Büro		Laden	Werkstatt			Lager		Hof	Stall	Scheune
Elektroinstallation	Leuchten-Auslaß																													
	Leuchten																													
	Ausschalter																													
	Wechselschalter																													
	Serienschalter																													
	Stromstoßschalter																													
	Dimmer																													
	Taster																													
	Steckdosen 1fach																													
	Steckdosen .....fach																													
Geräte	Heizgerät																													
	Warmwasserbereiter																													
	Elektroherd																													
Elektrische Maschinen																														
	Verteiler																													

Gemäß Übergabebericht elektrische Anlage funktionsfähig übernommen:

Auftraggeber ②:

____________ ____________
Ort Datum Unterschrift

Richard Pflaum Verlag GmbH & Co. KG · Formulardienst · Postfach 19 07 37 · 80607 München Bestell-Nr. 997

Übergabebericht + Prüfprotokoll

Blatt 2 ZVEH

Prüfprotokoll ① **Nr.** 136315 **Auftrag Nr.** ____________

Prüfung ④ durchgeführt nach:
- ☐ UVV „Elektrische Anlagen und Betriebsmittel" (VBG4)
- ☐ ____________
- ☐ nach DIN VDE 0100 T. 600
- ☐ ____________

Grund der Prüfung: ☐ Neuanlage ☐ Erweiterung ☐ Änderung ☐ Instandsetzung

Besichtigung:

- ☐ Richtige Auswahl der Betriebsmittel
- ☐ Schäden an Betriebsmitteln
- ☐ Schutz gegen direktes Berühren
- ☐ Sicherheits-Einrichtungen
- ☐ Brandschottung
- ☐ Wärmeerzeugende Betriebsmittel
- ☐ Zielbezeichnung der Leitungen im Verteiler
- ☐ Leitungsverlegung
- ☐ Kleinspannung mit sicherer Trennung
- ☐ Schutztrennung
- ☐ Hauptpotentialausgleich
- ☐ Zusätzlicher (örtlicher) Potentialausgleich
- ☐ Schutzisolierung
- ☐ ____________
- ☐ ____________

Erprobung: Bemerkungen: ____________

- ☐ Funktion der Schutz- und Überwachungseinrichtungen
- ☐ Funktion der elektrischen Anlage
- ☐ Rechtsdrehfeld der Drehstrom-Steckdosen
- ☐ Drehrichtung der Motoren
- ☐ ____________
- ☐ ____________

Messung: Erdungswiderstand .... Ω ☐ Zuverl. Verbindung Schutzleiter Bemerkungen: ____________

Verwendete Meßgeräte nach DIN VDE 0413	Fabrikat	Typ	Fabrikat	Typ	Fabrikat	Typ
	Fabrikat	Typ	Fabrikat	Typ	Fabrikat	Typ

Stromkreis Nr.	Ort / Anlagenteil	Leitung / Kabel Art	Leiteranzahl	Querschnitt mm^2	Überstrom-Schutzeinrichtung Art/Charakteristik	I_n A	Z_s *) Ω oder I_k A	R_{isol} MΩ	Fehlerstrom-Schutzeinrichtung I_n / Art A	$I_{\Delta n}$ mA	I_{mess} mA	U_L ≤......V U_{mess} V
	Hauptleitung											
	Verteiler-Zuleitung											

☐ Prüfergebnis: Mängelfrei ☐ Prüfplakette in Stromkreisverteiler eingeklebt

Nächster Prüfungstermin, z.B. gemäß Unfallverhütungsvorschrift „Elektrische Anlagen und Betriebsmittel" (VBG 4): ____________

Unterschriften

*) Nichtzutreffendes streichen!

Die elektrische Anlage entspricht den anerkannten Regeln der Elektrotechnik
Prüfer ⑤

Ort ______ Datum ______ Unterschrift ______

Verantwortlicher Unternehmer ⑥

Ort ______ Datum ______ Unterschrift ______

Richard Pflaum Verlag GmbH & Co. KG · Formulardienst · Postfach 19 07 37 · 80607 München Bestell-Nr. 997

Erläuterungen zum Übergabebericht + Prüfprotokoll

① Der **Übergabebericht** bezieht sich auf die tatsächlich ausgeführten Arbeiten, gemäß Auftrag.

Im **Prüfprotokoll** sind die technischen Werte des Istzustands festzuhalten

② **Auftraggeber** (Anschlußnehmer und/oder Anlagenbenutzer bzw. Anlagenbetreiber) ist derjenige, in dessen Auftrag und für dessen Rechnung die elektrische Anlage errichtet, erweitert, geändert oder instandgesetzt worden ist. Das kann sowohl ein gewerblicher Auftraggeber als auch eine private Person sein. Er bestätigt mit seiner Unterschrift:

„Die erstellte Anlage ist vom Auftragnehmer (verantwortlicher Unternehmer oder mit Vollmacht versehener Prüfer) in dem Umfang übergeben worden, wie es im Übergabebericht niedergelegt worden ist."

Mit der Unterschrift bestätigt der Auftraggeber die Abnahme und vertragsgemäße Lieferung. Damit ist der Stichtag für die Übergabe der hergestellten elektrischen Anlage festgelegt. Das bedeutet in der Praxis:
Bei einer Vertragsvereinbarung nach DIN 1961 **VOB** „Verdingungsordung für Bauleistungen; Teil B, Allgemeine Vertragsbedingungen für die Ausführung von Bauleistungen" §12 Nr. 6 beginnt mit der Abnahme die Frist für die Gewährleistung, soweit sie nicht schon nach VOB Teil B §7 begonnen hat. Nach VOB Teil B §13 Nr. 4 beträgt die Gewährleistungsfrist für Arbeiten an Bauwerken zwei Jahre.

③ Elektrische Anlagen für Wohnungen, für Büros, landwirtschaftliche, gewerbliche oder öffentliche Bereiche.

④ Die Prüfung ist nach der Norm DIN VDE 0100 Teil 600 „Errichten von Starkstromanlagen mit Nennspannungen bis 1000 V; Erstprüfungen" durchzuführen. Im Einzelfall können bei besonderen Anlagen noch folgende Festlegungen von Bedeutung sein:

- Gewerbeordnung und die dazugehörigen Verordnungen für überwachungsbedürftige Anlagen nach §24 GewO, z. B. Aufzugsanlagen, elektrische Anlagen in besonders gefährdeten Räumen,
- Bauordnungen der Länder und die dazugehörigen Verwaltungsvorschriften und Richtlinien,
- weitere Rechts- und Verwaltungsvorschriften der Länder, z. B. über elektrische Betriebsräume, Garagen, Krankenhäuser, Versammlungsstätten, Rettungswege,
- Unfallverhütungsvorschrift „Elektrische Anlagen und Betriebsmittel" (VBG 4),
- Allgemeine Bedingungen für die Elektrizitätsversorgung von Tarifkunden (AVBEltV),
- weitere VDE-Bestimmungen,
- Verdingungsordnung für Bauleistungen (VOB) Teil C; Allgemeine Technische Vertragsbedingungen für Bauleistungen (ATV),
  DIN 18299 „Allgemeine Regelungen für Bauarbeiten jeder Art",
  DIN 18382 „Elektrische Kabel-und Leitungsanlagen in Wohngebäuden",
- weitere DIN-Normen,
- Richtlinien des Verbands der Sachversicherer (VdS).

⑤ **Prüfer** ist der Unternehmer (Auftragnehmer) selbst oder die von ihm mit der Durchführung der Prüfung ausdrücklich beauftragte Elektrofachkraft.

Der Prüfer bestätigt mit seiner Unterschrift sowohl gegenüber seinem Unternehmer (Arbeitgeber) als auch gegenüber dem Auftraggeber die vorschriftsmäßig durchgeführte Prüfung:
„Die elektrische Anlage entspricht den anerkannten Regeln der Elektrotechnik."

⑥ **Verantwortlicher Unternehmer** ist der mit der Durchführung beauftragte **Auftragnehmer** oder dessen verantwortlicher Beauftragter (verantwortliche Elektrofachkraft), der mit dem Elektroinstallateur-Handwerk in die Handwerksrolle und beim örtlichen Elektkrizitätsversorgungsunternehmen (EVU) in das Installateurverzeichnis eingetragen ist.
Er bestätigt mit seiner Unterschrift:
„Ich habe die Elektrofachkraft und / oder den Prüfer nach bestem Wissen und Gewissen ausgewählt, die erforderlichen Informationen, Instruktionen und Anweisungen gegeben und im Rahmen des in einem ordnungsgemäß geleiteten Elektroinstallationsbetrieb üblichen Umfangs beaufsichtigt."
Mit der Unterschrift gibt der Unternehmer gleichzeitig seiner Überzeugung Ausdruck, daß die Elektrofachkraft und/oder der Prüfer aufgrund seiner Kenntnisse, Erfahrungen sowie Fort-und Weiterbildung in der Lage ist, die elektrische Anlage vorschriftsmäßig zu prüfen und nachstehende Erklärung abzugeben:
„Die elektrische Anlage enspricht den anerkannten Regeln der Elektrotechnik."

Sachregister

A

B

C

D

E

F

G

H

I